高等院校艺术设计专业精品系列教材

“互联网 +”新形态立体化教学资源特色教材

设计
心理学

Design Psychology

李　敏　刘　群　李普红　编著

总主编　肖勇

中国轻工业出版社

图书在版编目（CIP）数据

设计心理学 / 李敏，刘群，李普红编著. —北京：
中国轻工业出版社，2024.2
ISBN 978-7-5184-1856-5

Ⅰ. ①设… Ⅱ. ①李… ②刘… ③李… Ⅲ. ①工业设
计—应用心理学 Ⅳ. ①TB47-05

中国版本图书馆CIP数据核字（2018）第028154号

内容提要

设计心理学是一门新兴学科，本书从市场、用户、设计师等多个角度阐述设计心理学的内容。从市场的角度，介绍了消费者心理层面的内容，包括消费者的需要、动机、态度、决策及个性等；从用户使用角度，阐述了用户知觉、用户知觉过程、用户认知、用户理解等内容。本书每一章节首先介绍相关心理学知识，然后将心理学概念推广延伸到设计心理层面，用以指导设计。在知识体系的构建方面，突出设计心理学的前瞻性、综合性与实操性，在行文布局上力争做到提纲挈领、要言不烦。本书充分考虑了设计艺术各专业的需要，作为艺术设计基础课程教材，适合普通高等院校的视觉传达、广告、产品、环境、服装、装饰、多媒体等艺术设计专业的本科、专科学生使用，也适于设计师和艺术设计爱好者使用。

本书PPT课件放在每章里，请在计算机里阅读。

责任编辑：王　淳　徐　琪　　责任终审：孟寿萱　　整体设计：锋尚设计
策划编辑：王　淳　　　　　　责任校对：吴大朋　　责任监印：张京华

出版发行：中国轻工业出版社（北京鲁谷东街5号，邮编：100040）
印　　刷：鸿博昊天科技有限公司
经　　销：各地新华书店
版　　次：2024年2月第1版第5次印刷
开　　本：889×1194　1/16　印张：8.5
字　　数：150千字
书　　号：ISBN 978-7-5184-1856-5　定价：48.00元
邮购电话：010-85119873
发行电话：010-85119832　传真：010-85119912
网　　址：http://www.chlip.com.cn
Email：club@chlip.com.cn

240258J1C105ZBW

设计是一种将设想经过合理的规划，再通过各种艺术、技术形式传达的过程。如今，艺术设计已经成为一级学科，有独立、完善的知识体系。在设计如火如荼地席卷现代生活的今天，人们对设计的要求已经不仅仅是基于功能和外观的需求，更多时候要求它成为人们与生活对话的工具。自20世纪末以来，艺术设计逐渐成为一个系统工程，它横跨心理学、人机工程学、环境学等多个学科，设计心理学也作为独立的学科参与到艺术设计中来。

生活中大家可能会遇到这种情况，在酒店里弄不清怎么开水龙头，或者面对不熟悉的洗衣机或灯具开关时无法操纵，即使再聪明的人也会手足无措。其实不是用户太笨，而是有些物品在设计时没有考虑到用户的需求和心理。设计心理学从使用者的消费心理、购买心理和使用心理的角度出发，研究并发现使用者的真正需求，强调设计“以人为本”，而“人性化设计”与“创新设计”更是当代设计的两个重点。人性化设计是将产品的使用技能提升，使产品更能符合人机工程学的设计原理。创新设计是在原有产品上做升华设计，让产品的优势得以提高，更能符合大众使用的便利性。

设计心理学是设计专业的一门理论课程，是设计师必须掌握的知识。设计心理学是建立在心理学基础上，将人们的心理状态，尤其是人们对于需求的心理通过意识作用于设计的一门学问。它研究人们在设计创造过程中的心态，以及设计对社会所产生的心理反应，这些心理反应又反作用于设计，使设计能够更好地反映并满足人们的心理。

同时，情感化设计是设计心理学的设计重点，情感化设计的核心是以人为本，既关注人的现实生存状况、疾苦哀乐、精神欲求、思想感情，又重视个体全面发展，提升人的精神生活和道德境界，弘扬真善美、鞭挞假恶丑，呼唤人的价值和尊严、提高人的物质生活水平、改善人的情感生活、完善人的道德情操，从而达到人与自然、人与社会的和谐。情感化设计以遵循人的情感活动规律为基础，以消费者的体验层次和情感需求为切入点，设计出具有人情味的产品，让消费者获得内心愉悦的体验，使生活充满乐趣和感动。

本书在邓诗元教授的指导下完成，在编写中得到以下同事的支持：姚丹丽、柏雪、李平、张达、杨清、刘涛、万丹、汤留泉、刘星、胡文秀、向芷君、李帅、汪飞、张文轩、马文丹、史凡娟、祝旭东、王涛、袁朗、曹玉红、窦真、黄晓峰，感谢他们为此书提供素材、图片等资料。

编者

目 录
CONTENTS

第一章
设计心理学概述

PPT课件，请在计算机里阅读

学习难度：★☆☆☆☆
重点概念：起源、概述、发展状况

章节导读

生活中存在着许许多多的设计，有的设计使你抓狂烦躁，而有的设计则使你感受到生活中的小乐趣，感到十分的贴心，设计是把一种设想经过合理的规划、周密的计划，并通过各种感觉形式传达出来的过程。设计心理学则是通过观察不同人群的生活状态，从而引导设计师设计出人性化的产品（图1-1）。

图1-1　创意设计

第一节　设计心理学概念

设计心理学是设计专业的一门理论课程，是设计师必须掌握的知识。设计心理学是建立在心理学基础上，把人们的心理状态，尤其是人们对于需求的心理通过意识作用于设计的一门学问。它同时研究人们在设计创造过程中的心态，以及设计对社会及对社会个体所产生的心理反应。这种心理反应反过来作用于设计，使设计更能够反映和满足人们的心理。

心理学一词来源于希腊文，意思是关于灵魂的科学。灵魂在希腊文中也有气体或呼吸的意思，因为古代人们认为生命依赖于呼吸，呼吸停止生命就完结了。随着科学的发展，心理学的对象由灵魂改为心灵（图1-2）。

心理学是一门研究人类心理现象及其影响下的精神功能和行为活动的科学，兼顾理论性和应用实践性。设计心理学包括基础设计心理学与应用设计心理学两大领域，其研究涉及知觉、认知、情绪、思维、人格、行为习惯、人际关系、社会关系等诸多领域，也与日常生活的诸多领域发生关联，如家庭、教育、健康、社会等（图1-3～图1-6）。

心理学一方面尝试用大脑运作来解释个体基本的行为与心理机能，同时，设计心理学也尝试解释个体心理机能在社会行为与社会动力中所扮演的角色。另外，它还与神经科学、医学、哲学、生物学、宗教学等学科有关，因为这些学科所探讨的生理或心理作用会影响个体的心智。实际上，很多人文和自然学科都与心理学有关，人类心理活动本身就与人类的生存环境密不可分。

设计心理学家从事基础研究的目的是描述、解释、预测和影响行为，应用设计心理学家还有另一个目的，即提高人类生活的质量。这些目标共同构成了设计心理学事业的基础。

作为一门学科，心理学的历史十分短暂。19世纪中叶以后，自然科学的迅猛发展为心理学成为独立的科学创造了条件，尤其是德国感官神经生理学的发

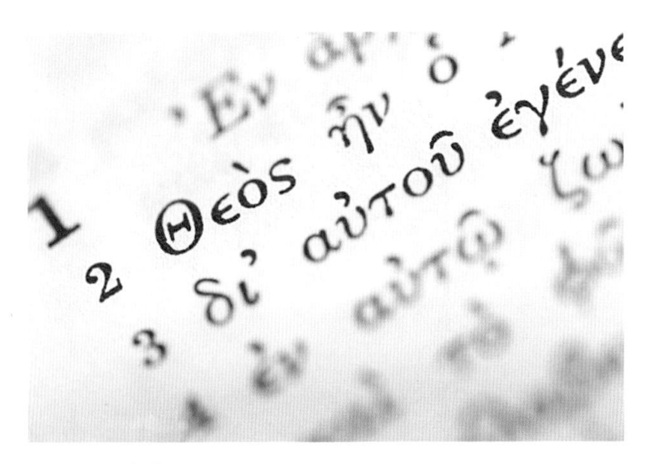

图1-2　希腊文

希腊文是西方文明的一种很美的语言，许多人认为它是所有语言中最美观、最值得敬佩的交际工具。因其结构清楚，概念透彻、清晰、伶俐，再加上多种多样的表达方式，它既符合严谨的思想家的需要，又适合有才华的诗人。

图1-3　家庭

图1-4　教育

图1-5　健身

图1-6　生活

展，为设计心理学成为独立的科学起到直接的促进作用。到1874年《生理设计心理学原理》的出现，从此，设计心理学才从哲学中分化出来，成为一门独立的学科，开始其蓬勃发展的历程。设计心理学是研究心理现象的科学，它以自己特有的研究对象而与其他学科区别开来。设计心理学既研究动物的心理，也研究人的心理，并以人的心理现象为主要研究对象。

一、心理学的探索

人的心理现象是非常复杂的，可以从不同的方面和角度进行研究。但概括起来，设计心理学主要研究的问题有以下几个方面。

1. 心理过程

人的心理现象是在时间层面展开的，它表现为一定的过程（process），如认知过程、情绪过程、技能形成过程等。以知觉过程为例，我们看一个物体，首先要用眼睛接受来自物体的光刺激，然后经过神经系统的加工，把光刺激转化为神经冲动，从而觉察到物体的存在；其次，要将看到的物体从它所在的环境或背景中区分出来；最后要确认这个物体，并叫出这个物体的名称。这个过程可能发生得很快，几乎是瞬间完成的。但我们用科学的方法还是可以把它的时间进程分离开来。人的情绪也是这样，从情绪的发生、发展到消失，同样经历着一定的时间。分析心理现象的时间进程，对科学地揭示心理活动的规律是非常重要的（图1–7）。

2. 心理结构

人的心理现象很复杂，但并不是杂乱无章的，各种心理现象之间存在着一定的联系和关系，形成一个有结构的整体。人的大脑就像一座大图书馆，每天都要收进许多书，借出许多书。由于每本书都有自己的编号，都按图书馆的编目系统放在某个地方，因此管理员能很容易地找到它。人的知识在人脑中保存的情况有些类似于图书馆，存在一定的结构，因此在需要的时候，可以很容易地提取出来，解决相应的问题（图1–8）。

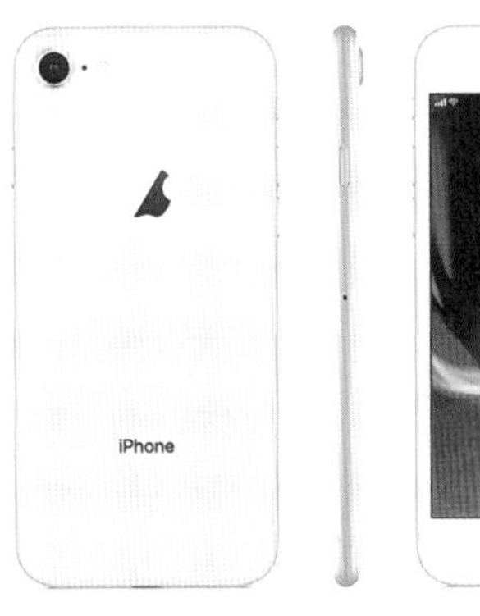

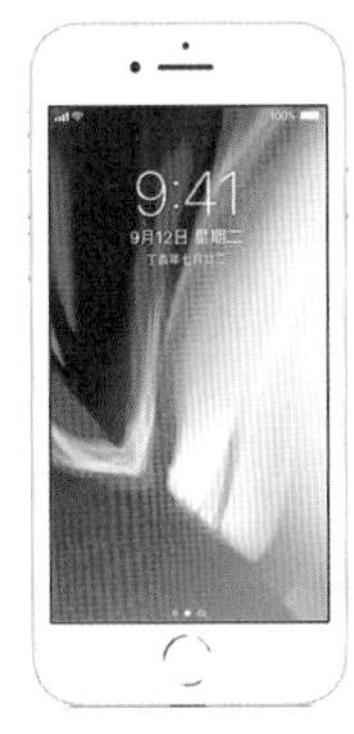

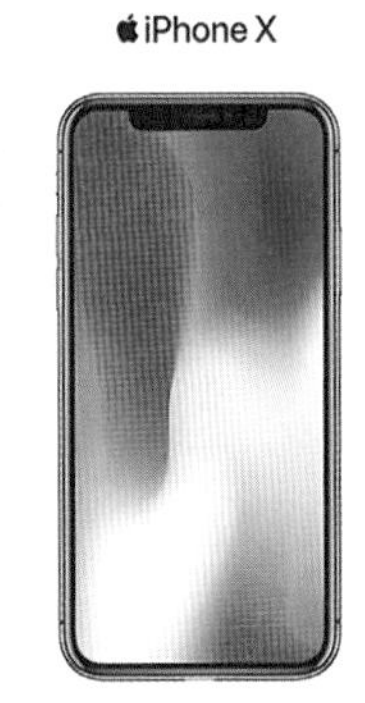

（a）iPhone 8　　（b）iPhone X

图1–7　iPhone

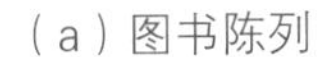

（a）图书陈列

（b）图书管理

图1–8　心理现象

妈

妈妈

我爱妈妈

图1-9　儿童口语发展阶段

二、心理现象

人的心理现象是进化过程的产物。从物种进化的角度看，心理现象是动物发展到一定阶段，在出现了神经系统之后才真正产生的。从个体发育的角度看，脑的发育为心理的发生和发展提供了基础。在人一生的不同时期、不同年龄阶段上，心理活动有着不同的特点。例如，儿童口语的发展经历着不同的阶段，首先发展单词句，再发展双词句，之后才是语法完整的语言（图1–9）。儿童思维的发展，也是由低级到高级逐渐进行的。儿童出生以后经历着社会化的进程，在不同的年龄阶段，社会化的程度是不同的。正因为这样，研究心理现象的发生和发展以及它和大脑发育的关系，也是设计心理学的重要任务。

三、心理与环境

人脑是人的心理系统及其物质载体，它是一个开放系统，和周围环境存在着复杂的交互作用。心理现象由外界输入的信息引起；客观世界是心理的源泉和内容。人们的颜色视觉依赖于可见光谱中光波的长度，长波使人看到红色，短波使人看到蓝色；人们的声调听觉依赖于物体振动的频率，高频使人觉得声音尖锐，低频使人觉得声音低沉。婴儿情绪的发展依赖于亲子之间的关系，失去父母拥抱的婴儿，会产生退缩的情绪反应；儿童语言的发展依赖于社会交往，在隔绝人际交往的条件下，不可能形成正常的人类语言。总之，外界刺激作用于人，在人脑中产生各种心理现象，这些心理现象又会反过来通过人的行为作用于周围环境，进而引起新的心理活动。可见，心理现象和外部环境（自然的和社会的环境）之间存在着规律性的联系，揭示这种联系和关系是设计心理学的另一项重要任务（图1–10）。

图1–10　可见光谱

第二节　设计心理学的研究类型

设计心理学是以心理学的理论和方式方法去研究决定设计结果的因素，从而引导设计成为科学化、有效化的新兴设计理论学科。其研究对象不仅仅是消费者，还应该包括设计师。消费者和设计师都是具有主观意识和自主思维的个体，都以不同的心理过程影响和决定着设计。产品形态、使用方式及文化内涵只有符合消费者的要求，才可获得消费者的认同和良好的市场效应。而设计师在创作中必然受其知识背景的作用，即使在同样的限制条件下也会产生不同的设计创意，使设计结果大相径庭。为避免设计走进误区和陷入困境，更应该从心理学研究角度予以分析和指导。因此，设计心理学的一个重要的内容是研究心理学，对设计师而言，就是如何获取并运用有效的设计参数。另一个重要的内容是设计师心理学，主要从心理学的角度研究如何发展设计师的技能和创造潜能。

一、研究方法

1. 观察法

观察法是心理学的基本方法之一，所谓的观察法是在自然条件下，有目的、有计划地直接观察研究对象的言行表现，从而分析其心理活动和行为规律的方法。观察法的核心是按观察目的确定观察的对象、方式和时机，观察记录的内容应该包括观察的目的、对象、时间，被观察对象的言行、表情、动作等的质量和数量，另外还有观察者对观察结果的综合评价。观察法的优点是自然、真实、可行、简便易行、花费低廉；缺点是需要被动地等待，并且事件发生时只能观察到怎样从事活动，并不能得知为什么会从事这样的活动。

2. 访谈法

通过采访者与受访者之间的交谈，根据受访者的答复搜集客观的、不带偏见的事实材料，以准确地说明样本所要代表的总体的一种方式。尤其是在研究比较复杂的问题时，需要向不同类型的人了解不同的材料，同时还要了解受访者的动机、态度、个性和价值观。访谈法可分为结构式访谈和无结构式访谈。

3. 实验法

有目的地在严格控制的环境中，创设一定的情景并引起被试验者的某些心理活动现象，从而进行研究的方法。

4. 案例研究法

通常以某个行为的抽样为基础，结合实际市场，以典型案例为素材，通过具体分析与解剖，促使人们进入特定的营销情景和营销过程，建立真实的营销感受并寻求解决营销问题的方法。

5. 问卷法

事先拟订所要了解的问题，列出问卷，交由消费者回答，通过对答案的分析和统计研究得出相应结论的方法，分为开放式问卷、封闭式问卷和混合式问卷。它的优点是短时间内可收集到大量的资料，缺点是受文化水平和认真程度的限制（图1–11）。

二、研究类型

1. 因果研究

因果联系是事物的普遍联系之一，设计心理学的第一项研究就是要揭示心理现象的因果联系。例如，我们可以做一个实验，要求被试记忆不同的材料。一种任务是分析词形，另一种任务是比较词的读音，第三种任务是分析词义。第一种和第二种的任务只要求被试做浅层记忆加工，只要记住材料的形、音就够了，而第三种任务要求被试做深层记忆加工，要求被试了解材料的意义和联系。结果发现，被试对第三种材料的记忆成绩明显高于对第一和第二种材料的记忆成绩。这说明被试对材料的加工深度与记忆成绩间存在着因果联系（图1–12）。

在心理现象和外界刺激、心理现象和大脑的活动间存在着广泛的因果联系。例如，光波的长度决定了颜色的色调，声音的频率决定了声调的高低，正常的语言环境决定了儿童语言发展的水平，词的熟悉程度决定了对词识别的快慢等。在进行因果研究时，研究者首先应该注意创设某种实验的情景，使之能引起某种心理现象，同时要控制可能影响这种心理现象的其他因素的出现。其次，当一种情景引起了某种心理现象时，在这种实验情景下，前者是因，后者是果，脱离一定的条件来谈因果联系是没有意义的。

2. 个案研究

因果研究和相关研究都是以较大的被试样本为基础的，使用的样本数越大，实验的结果就越可靠。但是，设计心理学家也常常进行个案研究，从个别案例中发现有价值的结果。例如，在临床研究中，医生发现某些失语病人，只丧失了词的命名能力，而语言的其他方面是正常的；有的儿童智力发展基本正常，但语言能力有明显的缺陷；或者语言发展正常，而智力明显低下。这些结果都是从个案研究中得到的。在研究正常儿童的智力发展时，个案研究也是一条重要的研究途径（图1–13）。

3. 相关研究

相关是事物间的另一种关系，它和因果关系是不同的。例如，在吸烟的人群中，肺癌的发病率较高。这时我们可以说，吸烟和肺癌的发病率有较高的相关，但吸烟并不是引起肺癌的唯一原因。我们不能根据一

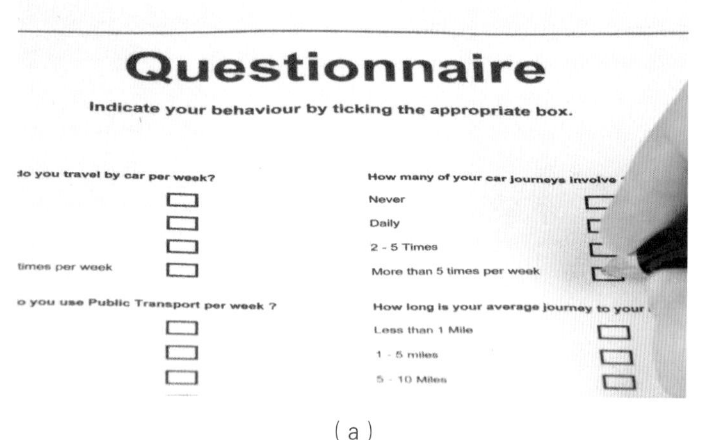

（a）

（b）

图1–11　问卷调查

图1–12　儿童学习机

个人吸烟的多少来预测他是否会患癌症。

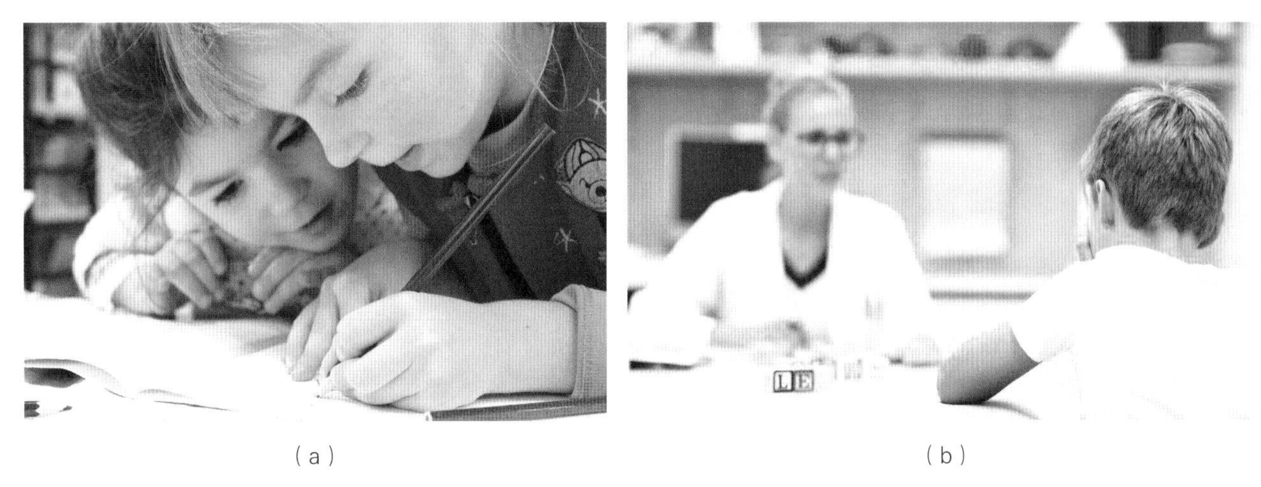

（a）　　（b）

图1-13　儿童语言障碍康复训练

相关研究是设计心理学的另一类重要的研究。设计心理学的许多研究都是在寻找相关，例如人的社会经济地位和心理发展的关系，某种人格特质和特定行为的关系，老年人自我支配的意识与生理健康的关系等。但是，相关本身不能提供因果的信息，当两种现象被发现有相关时，甲可能是引起乙的原因，乙也可能是引起甲的原因，或者它们是以其他的方式产生相关的。只看相关本身的信息，你无法推断哪个是因，哪个是果（Zimbardo，1990）。学生的阅读和数学成绩与每天看电视的时间存在负相关，也就是说，学生每天看电视的时间越多，他们的阅读成绩和数学成绩就越低（表1-1）。研究结果公布以后引起了教师和家长的重视，说明相关研究是有价值的。但是，由于相关关系不同于因果关系，我们从这项研究中还不能得出长时间看电视是引起学生成绩下降的原因。要想找出学生成绩下降的原因，还需要进行因果研究。

表1-1　看电视与学习成绩的关系

每天看电视的时数（h）	测验分数	
	阅读	数学
0～1/2	75	69
1/2～1	74	65
1～2	73	65
2～3	73	65
3～4	72	63
4～5	71	63
5～6	70	62
＞6	66	58

三、研究设计心理学的意义

学习设计心理学，主要有九个方面的意义。所谓“好的设计”很难有一个统一标准，这是因为每个人的出身、修养、爱好等都不相同。但是，设计师与消费者还应有一个大致的认同标准。经国内著名设计专家柳冠中教授介绍，德国好的设计造型咨询委员会顾问宣旺特（SchoemaMt）教授来华讲学，他认为“好的设计”有九条标准，即创造性设计、适用性设计、美观性设计、理解性设计、以人为本的设计、永恒性设计、精细化设计、简洁化设计与生态性设计。

1. 创造性设计

创造性设计是设计心理学最重要的前提。因为人类文明史证明人类的进步、社会的发展都是创造结果，没有创新就不会有进步。一个产品没有新意，那就没有设计的依据，也就不会被人类社会所认可接受。设计心理学的教学以创设问卷为主线，以创造性思维训练为技能培养目标，期望学生迅速了解、掌握消费心理。创造性的设计来源于外部世界多变的态势，来源于用信息化、数字化手段客观反映消费者需求动机的内容，以及采集到的消费者的心理数据。同时，导向设计是实现“创造性设计”的基本支持系统。

灯泡最开始的设计目的是为了给人们照明，随着时代的发展、社会的不断进步，人们对照明有了更多的需求，在满足照明的同时，产品的设计也是消费者所关注的（图1–14、图1–15）。

2. 适用性设计

“适用性”是衡量产品设计的另一条重要标准，这是产品存在的依据。设计师与工程师的区别就在于设计师不光设计一个产品，在设计之前看到的不仅是产品的材料和技术问题，同时还要考虑消费者的使用要求和产品的未来发展。设计心理学为消费者提供的满意度，将是适用性设计的依据。

3. 美观性设计

“美观”是任何设计师都愿意为自己的设计赋予的形式，然而“美”是不能用尺子度量的，美是人们在生活中的感受，却又与人的主观条件，如想象力、修养、爱好分不开，所以又是可变的。它离不开生活，离不开对象，却又因人、因时代、地域、环境而不断发展变化着。设计心理学提供消费者心理的微观分析（人口特征）知识，使设计师了解消费者审美价值观的差异（图1–16）。

4. 理解性设计

理解性设计标准是设计必须被人理解。设计一个产品必须让人理解产品所荷载的信息，使用者一看便知这是什么产品、作用如何等。设计师运用材料、构造、色彩等来表达产品存在的依据。设计心理学使设计师掌握造型识别、图形识别、广告识别等心理学基础，力求满足消费者一目了然的求便心理。人们看到矮小的玻璃杯首先想到的是用来喝水，而看到高而纤长的玻璃杯最先想到的则是用来插花（图1–17、图1–18）。

图1–14 照明

图1–15 装饰照明

（a）　　　　（b）

图1-16　美观性设计

图1-17　水杯

图1-18　花瓶

5. 以人为本的设计

以人为本的设计首先是突出人而不是突出物，以人的需求为衡量一切外部事物的基本标准，即注重人性、人格和能力的完善和全面发展。任何设计都是为了满足人们的某种需要进行的创造性活动，如有的灯具设计十分花哨使人眼花缭乱，夺去了人作为室内空间中的主体地位，而好的设计作品应满足人的要求，提升居住空间的品质。设计心理学将研究设计与产品、消费者三者之间的联系，这不仅是观念上的准则，也是现代设计管理的核心内容（图1-19、图1-20）。

6. 永恒性设计

好的设计经得住时间的考验。片面追求流行款式，夸张其商业性功能作用，产品终将在使用过后面临着被舍弃的结果，设计心理学将讨论支持消费者永恒性偏爱的价值观问题。

7. 简洁化设计

简洁明了的设计是近几年比较追崇的，繁琐在设计中是忌讳的，它反映了设计师思维的混乱，丝毫体现不出设计的价值。设计心理学在讨论广告设计和

图1-19　装饰设计

图1-20　人本设计

图1-21　广告设计

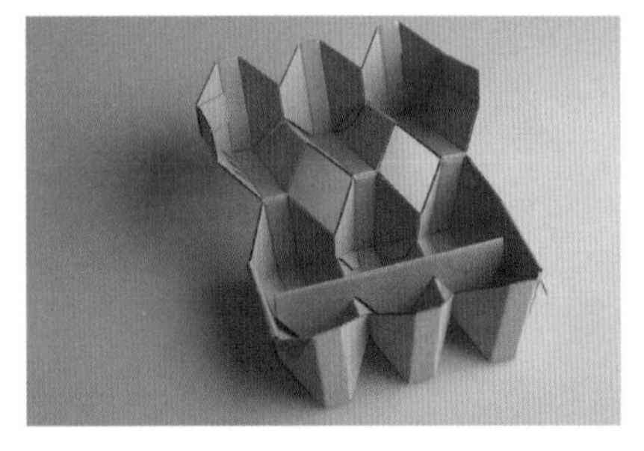

（a）

（b）

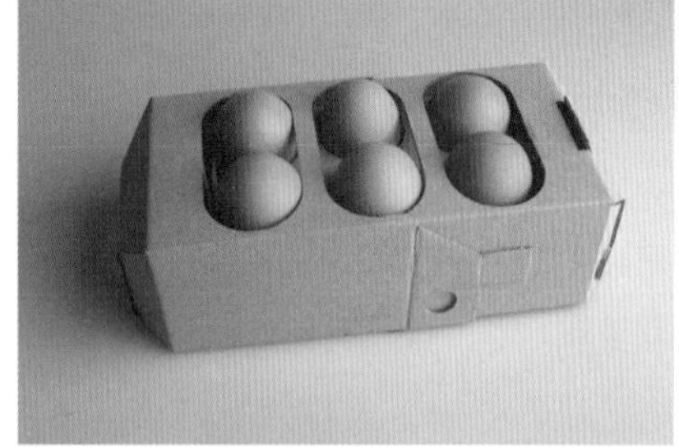

（c）

图1-22　包装设计

商标包装设计时，认为其应以简单实用的设计呈现出来，这说明简洁化设计必须依据消费者的认知规律，才能达到简洁化的效果（图1-21、图1-22）。

8. 精细化设计

“精细化”的标准是必须精心处理每一个细部，从构思到设计的完成，要使人感到既耐人寻味而又不繁琐，从整体到细节都充满哲理与和谐。设计师不应被材料与加工工艺束缚，以致偏离最开始的设计理念，应该把材料与工艺相结合，将设计品的特点发挥得淋漓尽致，体现出人的力量，给设计赋予灵魂，成为人的对象。设计心理学提供的市场调查研究，可为精细化设计提供人性化参数（图1-23）。

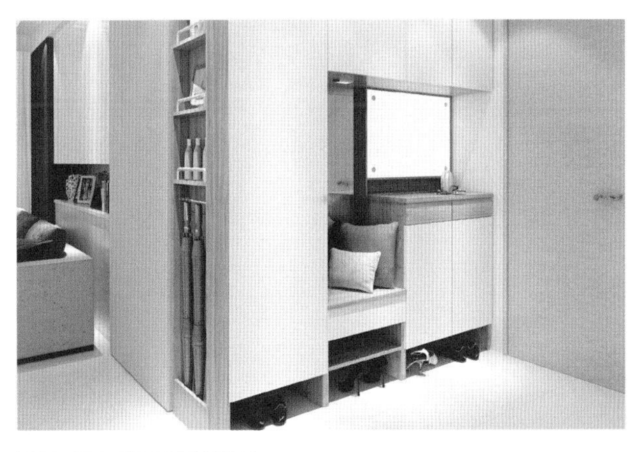

图1-23 入户玄关设计

在入户玄关设计中，“精细化”设计能使人们的生活更加方便，从各个角度体现出为人服务的宗旨，彰显出人性化的设计理念。

（a）生态建筑外墙设计

（b）生态节能家电设计

图1-24 生态性设计

9. 生态性设计

生态性设计不仅是设计师观念的更新，更重要的是如何使消费者建立生态平衡与环境保护的意识，广告宣传和教育培训是全民族环保指数提升的关键，只有产品与消费一体化，生态设计产品才有生存空间，否则，再好的生态设计，也无市场支持（图1-24）。

第三节 设计心理学的发展

中国是一个拥有五千年文明历史的国家，在世界科学技术发展史中发挥了重要的作用（图1-25）。但是由于东西方文化的差异，不同学科的具体发展历史是不一样的。

一、中国古代的心理学思想

和西方古代不同，中国古代没有设计心理学的专著，但有丰富的设计心理学思想。这些思想散见在许多哲学家、思想家和教育家的著作中。在中国先秦时代，儒、墨、道、法等各派著名思想家如孔丘、墨翟、孟轲、荀况等都讨论过天人关系、人兽关系、身心关系、人性的本质和发展以及知行关系等，提出过一些重要的心理学思想。例如，荀况在《天论》中提出“形具而神生”，认为精神现象是依赖于形体而存在的。他主张人性“恶”“其善者伪也”，充分肯定

图1-25　中华文化

图1-26　师说

了环境和教育在人性改变中的作用。荀况还称“好、恶、喜、怒、哀、乐谓之情”，对人的情绪进行了分类。墨翟主张“接也”，认为人的感知觉是感官接触外物的结果，并区分了“五路”，即五种不同的感觉。

到秦、汉和魏晋南北朝时期，中国设计心理学思想的发展继续围绕“天人关系”和“神形关系”而展开。在这个时期，董仲舒（约公元前179～前104年）站在唯心主义的立场上，提出了天人感应的思想，认为天与人之间有一种神秘的关系，人的情感、计虑、道德和行为都必须与天数相符，化天数而成。从现代科学来看，这种主张是不正确的。王充（27～97）提出“形朽神亡”的主张，认为精神离开肉体就不复存在。他根据自己的观察，描述了空间知觉和时间知觉的一系列现象，并设法解释了“太阳错觉”的成因。刘劭在《人物志》中讨论了“才”与“性”的关系，对人的才能和性格进行了系统的分类，并提出人的才性可以通过九种外部表现来诊断。

唐代是我国封建社会的鼎盛时期。在这个时期内，柳宗元、刘禹锡坚持了唯物主义的天人观，并对感知和思维两种认识活动进行了分析。韩愈继承了董仲舒的性三品说，认为“性”是与生俱来的，他的《师说》一文，提出教师的职责是“传道、授业、解惑”，在历史上成为传世之作（图1–26）。宋朝之后，理学在思想界占统治地位。理学家在天人关系和心物关系上坚持了不正确的观点，但在教育设计心理学和学习设计心理学方面却提出了许多有价值的主张。如程颢和程颐重视学习的作用，认为人的智能、性格、道德品质基本上是在幼年期形成的，朱熹提倡“胎教”，认为母亲受胎以后的一举一动、一言一行都对胎儿有直接影响。随着科技和医学知识的发展，明清以后的医学家对人脑及其功能的认识有了很大的进步。刘智（1660—1730）是我国17世纪的一位著名学者，他提出“百体之知觉运动”都依赖脑的不同部位不同的功能。王清任（1768—1831）是清代的一位医生，他根据自己的解剖经验，发展了“脑髓说”，认为人的感觉和记忆是脑的功能，而不是心脏的功能。王清任所处的时代，和法国著名学者、医生布洛卡的时代很相近，他提出的“脑髓说”对科学地认识人的心理活动有重要意义。

中国古代有丰富的设计心理学思想，但没有独立的设计心理学著作。设计心理学作为一门独立的科学，是在欧美一些国家产生的。设计心理学在中国的传播，始于明末耶稣会传教士利马窦著的《西国记法》（1595年）、艾儒略著的《性学确述》（1623年）等书。1840年鸦片战争以后，留美学者颜京（1838—1898）出任上海圣约翰书院院长，开设了设计心理学课程，并于1889年出版了译著《心灵哲学》一书。1907年王国维的译著《设计心理学》出版，该书是丹麦设计心理学家霍普夫丁的著作。在这个时期内，一批留美和留日的中国学者对传播设计心理学起了重要的桥梁作用。

中国现代设计心理学的开创始于1917年，它的标志是北京大学首次建立了设计心理学实验室。1918年陈大齐出版了《设计心理学大纲》一书；1920年南京高师（东南大学）建立了中国第一个设计心理学系；1921年中华设计心理学会在南京正式成立；1922年中国第一种设计心理学杂志——《心理》由张耀翔编辑出版……这一切都标志着中国有了自己的设计心理学组织，并开始培养设计心理学的人才。

- 补充要点 -

心理学专家——张耀翔

张耀翔（1893—1964），湖北汉口人，曾留学美国获心理学硕士学位，回国后从事心理学教学以及实践研究，先后担任多所大学心理学教授以及中国科学院心理研究所特约研究员，是中国最早传播西方心理学的学者之一，是中国心理学会的奠基者。1921年，中华心理学会成立时，张耀翔首任会长。1922年，张耀翔创办了中国第一本心理学杂志——《心理》，并担任主编。在高校任职期间，张耀翔组织建立心理实验室，并撰写论文论述和探讨人类的生理、性格、情绪、智慧等心理活动过程。张耀翔毕生从事心理学教学和科学研究工作以及心理学科普工作。

二、现代设计心理学产生的历史背景

心理学是一门古老而又年轻的科学。在心理学独立成为学科以前，有关“知识”“观念”“心”“心灵”“意识”“欲望”和“人性”等设计心理学问题，一直是古代哲学家、教育家、文学艺术家和医生们共同关心的问题。

在欧洲，设计心理学的历史可以追溯到古希腊柏拉图、亚里士多德的时代。亚里士多德是一位学识渊博的哲学家，对灵魂的实质、灵魂与身体的关系、灵魂的种类与功能等问题从理论上进行了探讨。他的著作《论灵魂》是历史上第一部论述各种心理现象的著作。亚里士多德把心理功能分为认知功能和动求功能，在他看来，认知功能有感觉、意象、记忆、思维等。外物作用于各种不同的感官产生感觉和感觉意象，简括的意象构成经验，从经验抽出概念，构成原理，就是思维。在感觉与思维之间，意象具有重要的作用，他说“灵魂不能无意象而思维”，思维所用的概念是由意象产生的。动求功能包括情感、欲望、意志、动作等过程。自由而不受阻碍的活动会产生愉快的情感，这种情感有积极的作用；相反，活动受到阻碍将引起不愉快的情感，它的作用是消极的。亚里士多德的这些思想影响到后来设计心理学的发展，对当代的设计心理学思潮也有重要的影响。设计心理学在19世纪末独立成为一门科学的。现代心理学的诞生和发展有两个重要的历史背景。

- 补充要点 -

亚里士多德

亚里士多德（Aristotle，公元前384-前322），古代先哲，古希腊人，世界古代史上伟大的哲学家、科学家和教育家之一，堪称希腊哲学的集大成者。他是柏拉图的学生，亚历山大的老师。公元前335年，他在雅典办了一所叫吕克昂的学校，被称为逍遥学派。马克思曾称亚里士多德是古希腊哲学家中最博学的人，恩格斯称他是“古代的黑格尔”。作为一位百科全书式的科学家，他几乎对每个学科都做出了贡献。他的写作涉及伦理学、形而上学、心理学、经济学、神学、政治学、修辞学、自然科学、教育学、诗歌、风俗以及雅典法律。亚里士多德的著作构建了西方哲学的第一个广泛系统，包含道德、美学、逻辑、科学、政治和玄学。

三、设计心理学的形成时期

20世纪40年代末期，以心理学、生理学、解剖学、人体测量学等学科为基础的人机工程学和心理测量等应用心理学科迅速发展起来。在第二次世界大战以后，西方国家对消费者行为的研究由宏观经济导向转向运用行为科学的方法来探求消费者的心理。因此，实验心理学、工业心理学、人机工程学等学科的发展都是与当时社会发展相适应的，为设计心理学提供了坚实的理论基础。随着以消费者为中心的市场观念占据统治地位，为了能在激烈的市场竞争中获得优势，商品的多样化和差异化日益盛行，消费者的行为和心理研究已经成为企业销售研究中不可或缺的部分（图1-27）。

设计已成为商品生产的重要环节。而且，设计师的设计范围广泛，效率高，把重点放在适应市场需要上。后来的职业设计师意识到应该为使用者设计，其中的代表是美国设计师德雷夫斯（Henry Dreyfuss），他把产品功能与人的生理结构有机结合起来，特别强调设计艺术的人性化（图1-28、图1-29）。

德雷夫斯认为适应于人的机器才是最有效率的机器，1951年出版的《为人的设计》(《Design for People》）就收集了大量的人体工程学资料，1961年又出版了《人体度量》(《The Measure of Man》)。

图1-27　设计

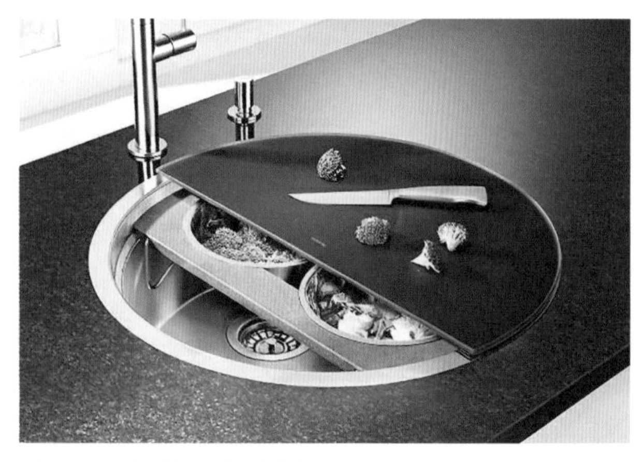

图1-28　人性化多功能设计

图1-29　设计艺术

德雷夫斯成为现代工业设计“人体工程学”的创始人，建立了第一个适用于设计师的人机学模型。他的设计以建立舒适的人机学计算为基础的工作条件为中心，外形简练，与人相关的部件设计合乎人体的基本适应要求，这是工业设计的一个非常重要的进步与发展。德雷夫斯还提出可用性测试和“残余造型”（Survival Form）等观点，这些观点都是围绕用户的心理满足而展开的。

- 补充要点 -

人本主义心理学

人本主义心理学于20世纪50年代兴起于美国，在60～70年代得到迅速发展。它是西方心理学的一种新思潮和革新运动，又被称为现象心理学或人本主义运动。人本主义心理学主张研究人的本性、潜能、经验和价值，反对行为主义机械的环境决定论和精神分析以性本能决定论为特色的生物还原论，所以在西方它被称为心理学的第三势力。目前，它已成为当代心理学的一种新的有重要影响的研究取向。人本主义心理学是美国特定的时代背景和心理学自身的内在矛盾相互冲击的产物，也是吸收当时先进的科学思想并融合存在主义和现象学哲学观点而发展起来的。

四、心理学派别

1879年，德国著名设计心理学家冯特（Wilhelm Wundt，1832—1920）在德国莱比锡大学创建了第一个设计心理学实验室，开始对心理现象进行系统的实验室研究。在设计心理学史上，人们把这个实验室的建立，看成是设计心理学脱离哲学怀抱、走上独立发展道路的标志。

19世纪末到20世纪20年代是设计心理学派别林立的时期。在心理学独立之初，心理学家们在建构理论体系时存在着尖锐的分歧。

1. 构造主义

构造主义（Structuralism）的奠基人为冯特，著名的代表人物为铁钦纳（E•B•Titchener，1867—1927）。这个学派主张设计心理学应该研究人们的直接经验即意识，并把人的经验分为感觉、意象和激情状态三种元素。感觉是知觉的元素，意象是观念的元素，而激情是情绪的元素，所有复杂的心理现象都是由这些元素构成的。在研究方法上，构造主义强调内省方法。在他们看来，了解人们的直接经验，要依靠被试者对自己经验的观察和描述（图1-30）。

（a）

（b）

图1-30　构造主义

（a）沙发

（b）鼠标

图1-31　机能主义

2. 机能主义

机能主义（Functionalism）的创始人是美国著名心理学家詹姆士（Willian James，1842—1910），其他代表人物还有杜威（John Deway，1859—1952）和安吉尔（James Angell，1869—1949）等人。机能设计心理学也主张研究意识，但是，他们不把意识看成个别心理元素的集合，而看成川流不息的过程。在他们看来，意识是个人的，是永远变化的、连续的和有选择性的。意识的作用就是使有机体适应环境。如果说构造主义强调意识的构成成分，那么机能主义则强调意识的作用与功能。以思维为例，构造主义关心什么是思维，而机能主义则关心思维在人类适应行为中的作用。机能主义的这一特点，推动了美国设计心理学面向实际生活的过程。20世纪以来，美国设计心理学一直比较重视设计心理学在教育领域和其他设计领域的应用，这和机能主义的思潮是分不开的（图1-31）。

3. 行为主义

19世纪末20世纪初，正当构造主义和机能主义在一系列问题上发生激烈争论的时候，美国设计心理学界出现了另一种思潮，即行为主义（Behaviorism）。1913年，美国设计心理学家华生（John Watson，1878—1958）发表了《在行为主义者看来的设计心理学》，宣告了行为主义的诞生。

图1-32　小米九号平衡车

小米九号平衡车采用了航空级镁合金骨架，15项安全技术，支持双轮自平衡，用腿部控制方向，而重心则作为驱动前进或后退的方式。

行为主义有两个重要的特点：首先，反对研究意识，主张设计心理学研究行为；其次，反对内省，主张用实验方法。在华生看来，意识是看不见、摸不着的，因而无法对它进行客观的研究。设计心理学的研究对象不应该是意识，而应该是可以观察的事件，即行为。华生曾经说过，在一本设计心理学书中，“永远不使用意识、心理状态、心理内容、意志、意象以及诸如此类的名称，是完全可能的……它可以用刺激和反应的字眼，用习惯的形成、习惯的整合以及诸如此类的字眼来加以实现”。行为主义产生后，在世界各国设计心理学界产生了很大的反响。行为主义锐意研究可以观察的行为，这对设计心理学走上客观研究的道路有积极的作用。但是由于它的主张过于极端，不研究心理的内部结构和过程，否定研究意识的重要性，因而限制了设计心理学的健康发展（图1-32）。

4. 格式塔心理学

在美国出现行为主义的同时，德国也涌现出另一个设计心理学派别——格式塔设计心理学（Gestalt psychology）。格式塔设计心理学的创始人有韦特海默（Max Wertheimer，1880—1943）、柯勒（Wolfgang Kohler，1887—1967年）和考夫卡（Kurt Koffka，1886—1941年）。格式塔设计心理学和行为主义都靠批判传统设计心理学（构造主义和机能主义）起家，但在一系列基本问题上，两派又有截然不同之处（图1-33）。

格式塔理论强调经验和行为的整体性，反对当时流行的构造主义元素学说和行为主义“刺激——反应”公式，认为整体不等于部分之和，意识不等于感觉元素的集合，行为不等于反射弧的循环。

图1-33　格式塔

格式塔（Gestalt）在德文中意味着“整体”，它代表了这个学派的基本主张和宗旨。格式塔心理学也可以被称为完形心理学，他反对把意识分析为元素，而强调心理作为一个整体、一种组织的意义。这是和构造主义、行为主义大相径庭的。格式塔设计心理学认为，整体不能还原为各个部分、各种元素的总和；部分相加不等于全体；整体先于部分而存在，并且制约着部分的性质和意义。例如，一首乐曲包含许多音符，但它不是各个音符的简单结合，因为一些相同的音符可以组成不同的乐曲，有的甚至可能成为噪声。格式塔设计心理学很重视设计心理学实验，他们在知觉、学习、思维等方面开展了大量的实验研究（图1-34、图1-35）。

格式塔心理学认为艺术创作是一个过程，设计师对于理想的形象构图创造和追求，是不断逼近、不断清晰和不断完善的过程（图1-36）。

5. 精神分析学派

精神分析学派产生于19世纪末，是四大心理学取向之一，是由奥地利维也纳精神病院医生弗洛伊德（Sigmund Freud，1856—1939）创立的一个学派。它的理论主要来源于治疗精神病的临床经验，是一种探讨精神病病理机制的理论和方法，由于它对人心理活动内在机制的关注，对人格和动机等方面的崭新观点，给心理学界带来了巨大的冲击和影响。弗洛伊德把人的心理结构分成三个领域，即意识、潜意识和无意识。如果说构造主义、机能主义和格式塔设计心理学重视意识经验的研究，行为主义重视正常行为的分析，那么精神分析学派则重视异常行为的分析，并且强调心理学应该研究无意识现象。

图1-34　乐谱

图1-35　音符

精神分析（Psychoanalysis）学说认为，人类的一切个体的和社会的行为，都来源于心灵深处的某种欲望或动机。欲望以无意识的形式支配人，并且表现在人的正常和异常的行为中。欲望或动机受到压抑，是导致神经病的重要原因。从精神分析心理学研究中可以发现，设计师通过对产品功能、结构等客观条件的把握和分析，运用一定的设计原则进行最优化设计，同时，还需相当程度的艺术创造，哪一部分更多地涉及了设计师的“无意识”的过程，其他心理学理论均缺乏对这一过程的解释和分析。因此，有些研究者开始运用精神分析的理论和研究方法，来挖掘消费者潜在的动机和需要。基于这种认识，部分营销专家和设计者会通过分析消费者的潜在需求，利用外观、包装、广告、环境等设计要素，刺激消费者并唤醒部分消费者一些特定的潜在需要。设计师在试图迎合消费者的需求时，必须同时兼顾三重人格的需要，即“自我”“本我”和“超我”的需要。例如，许多设计师为了设计提高对“本我”的吸引力，在设计中利用“暗示性的”或是其他一些欲望的吸引，但如果过分强调这一层次，可能会引起消费者“超我”和“本我”的排斥，从而使其产生焦虑和犹豫不决（图1-37～图1-40）。

（a）积木

（b）套柱

图1-36　儿童益智玩具

图1-37　外观设计

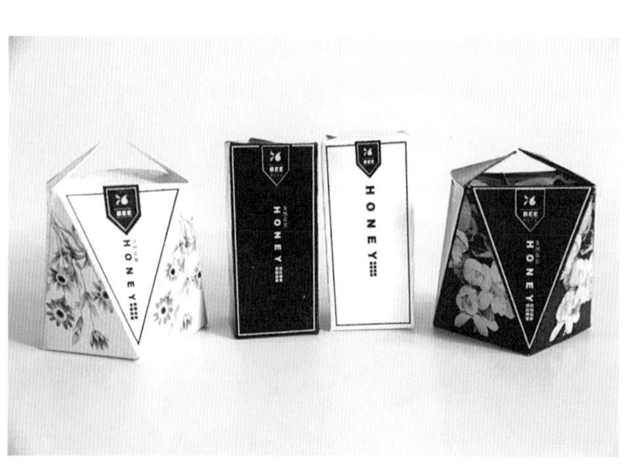

图1-38　包装设计

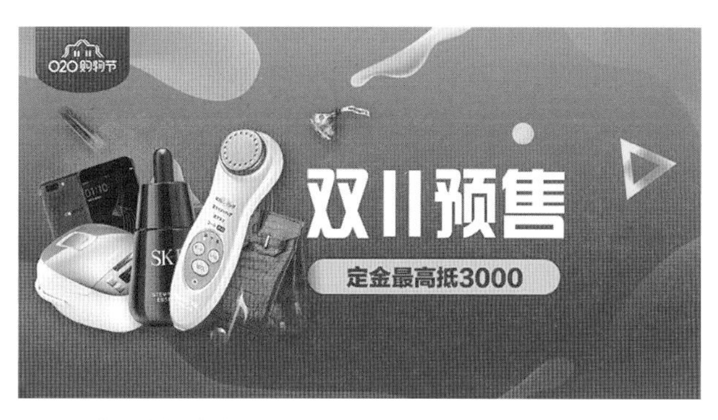

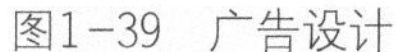
图1-39　广告设计

图1-40　环境设计

- 补充要点 -

中国心理学会

中国心理学会是由中国心理学工作者组成的公益性、学术性社会团体，是中国科学技术协会的组成部分。创建于1921年，是我国现有的全国性学会中最早成立的学术组织之一。1980年7月正式加入国际心理科学联合会（International Union of Psychological Science，IUPsyS）；1984年加入国际应用心理学协会；1990年加入亚非心理学会（AFRO — ASIAN Psychological Association，AAPA）；1990年加入国际测验委员会（International Test Commission，ITC）。

中国心理学会的宗旨是坚持以马克思列宁主义、毛泽东思想、邓小平理论和“三个代表”重要思想为指导，全面落实科学发展观，宣传辩证唯物主义科学理论，坚持实事求是的科学态度，贯彻“百花齐放、百家争鸣”的方针，充分发扬学术民主，团结广大心理学工作者，开展学术活动，进行学术上的自由讨论，以促进我国心理科学的繁荣和发展，促进心理科学知识的普及和推广，促进心理科学人才的成长和提高，为社会主义物质文明和精神文明建设服务，为加速实现习近平中国特色社会主义做出贡献。

课后练习

1. 设计心理学的概念是什么？
2. 心理学主要研究的问题有哪些？
3. 研究心理学的方法有哪几种？
4. 心理学的研究类型可以分为哪几大类？
5. 生活中有哪些以人为本的设计？请简要介绍。
6. 设计心理学在包装设计上有什么意义？
7. 环境的好坏对人的心理会产生什么作用？
8. 中国最早的心理学出现在哪个年代，它的出现说明了什么？
9. 中国心理学的发展经历了那几个时期，主要代表人物有哪些？
10. 心理学为近代设计的发展带来了什么？请简要分析。

第二章
设计感觉的意识形态

PPT 课件，请在计算机里阅读

学习难度：★★☆☆☆
重点概念：感觉的意识、感觉分类、错觉

章节导读

感觉虽然是一种极简单的心理过程，但是它在我们的生活实践中具有重要的意义。有了感觉，我们就可以分辨外界各种事物的属性，因此才能分辨颜色、声音、软硬、粗细、重量、温度、味道、气味等；有了感觉，我们才能了解自身各部分的位置、运动、姿势、饥饿、心跳；有了感觉，我们才能进行其他复杂的认识过程。失去感觉，就不能分辨客观事物的属性和自身状态（图2-1）。

图2-1　色彩设计

第一节　认知感觉

人是怎样认识世界，人的知识是怎样得到的。这既是一个古老的哲学问题，也是一个古老的心理学问题。人类认识世界是从感觉开始的。感觉提供了内外环境的信息，保持着机体与环境的信息平衡。人对客观世界的认识常常是从认识事物的一些简单属性开始的。例如，我们面前有一个苹果，我们是怎样认识它的呢？我们用眼睛去看，知道它有红红的颜色，圆圆的形状；用嘴一咬，知道它是甜的；拿在手上一掂，知道它有一定的重量。这里的红、圆、重、甜就是苹果的部分个别属性（图2-2、图2-3）。红是由苹果表面反射的一定波长的光波引起的；甜是苹果内部的某些化学物质作用于舌头引起的；重是由苹果压迫皮肤表面引起的；圆是由苹果的外围轮廓线条作用于眼睛引起的。我们的头脑接受和加工了这些属性，进而认识了这些属性，这就是感觉（Sensation）。

感觉也可以说是人脑对事物的个别属性的认识。

感觉虽然很简单，但却很重要，它在人的生活和工作中有重要的意义。首先，感觉提供了内外环境的信息。通过感觉，人能够认识外界物体的颜色、明度、气味、软硬等，从而能够了解事物的各种属性。工人操纵机器生产工业产品，农民种植庄稼提供粮食和蔬菜，科学家们观测日月星辰发现宇宙的奥秘，设计师们拿起画笔建设城市等都离不开感觉提供的信息（图2-4～图2-7）。

通过感觉我们还能认识自己机体的各种状态，如饥饿、寒冷等，因此有可能实现自我调节，如饥则食、渴则饮。没有感觉提供的信息，人就不可能根据自己机体的状态来调节自己的行为（图2-8、图2-9）。其次，感觉保证了机体与环境的信息平衡。人要正常地生活，必须和环境保持平衡，其中包括信息的平衡。具体地说，人们从周围环境获得必要的信息，是保证机体正常生活所必需的。相反，信息超载或不足，就会破坏信息的平衡，给机体带来严重的不良影响。感觉是一切较高级、较复杂的心理现象的基础，是人的全部心理现象的基础。人的知觉、记忆、思维等复杂的认识活动，必须借助于感觉提供的原始资料。人的情绪体验，也必须依靠人对环境和身体内部状态的感觉。因此，没有感觉，一切较复杂、较高级的心理现象就无从产生。

图2-2 红

图2-3 甜

图2-4 工人操纵机器

图2-5 农民种植庄稼

图2-6 科学家观测宇宙

图2-7 设计师构图

图2-8 喝水

图2-9 吃饭

一、色彩与感觉

色彩是人的视觉器官对可见光的感觉（图2-10）。人们能感知缤纷的世界关键是光，但是光能否形成色彩感觉，还要受眼睛生理条件的影响，眼睛是人对光的感觉器官，色彩是眼睛对可见光的感觉，而不是光本身。健康的眼睛只能在波长400纳米作用下产生紫蓝等色彩感，波长短于400纳米的紫外光，和长于700纳米的红外光都属于不能给眼睛色彩感的光。一般情况，当光源色遇到物体时，变成反射光或透射光后，再进入眼睛，对眼球内网膜产生刺激，又通过视神经达到支配大脑的神经中枢，从而产生色感觉。

任何一种设计都离不开色彩，设计师对色彩的捕捉更加敏锐，对颜色的掌握也更加全面。不同的颜色给人不同的感觉。红色代表着吉祥、喜气、热烈、奔放、激情、斗志。比如在中国古代，许多宫殿和庙宇的墙壁都是红色的。在中国的传统文化中，五行中的火所对应的颜色就是红色，八卦中的离卦也象征红色；绿色象征生命力与活力，象征和谐、安静、自然、和平等，有些医院采用绿色进行设计，具有稳定病人情绪、舒缓压力等作用；蓝色具有沉稳、理智、准确的意象，天蓝色可用作座椅背、窗帘等，呈现出明朗、清爽的感觉（图2-11～图2-14）。

1. 色彩的冷暖感

色彩的冷暖来源于色光的物理特性，更来源于人们对色光的印象和心理联想，而眼睛对于色彩冷暖的判断，不依赖于眼睛对色光的触觉，而主要依赖联想，色彩冷暖感形式与人的生活经验和心理联想有联系。从色彩心理学考虑，一般把橘红色纯色定为最暖色，称为暖极；把天蓝色纯色定为最冷色，称为冷极。凡与暖极相近称为暖色，与冷极相近则称为冷色，凡与两极距离相等的各色，称为冷暖中性色。由此可知，红橙黄属暖色，蓝绿、蓝紫属冷色；黑、白、灰、绿、紫属于中性色（图2-15）。

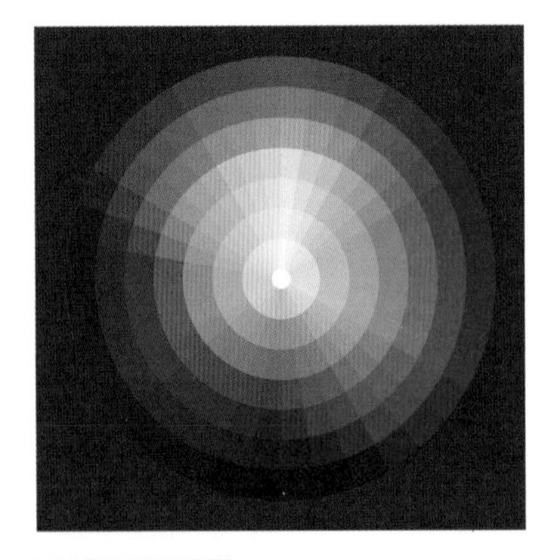

图2-10 色彩

色就是光刺激眼睛所产生的视感觉。其中光、眼睛、神经，即物理、生理、心理三要素，人们感知色彩的必要条件。

图2-11　红色建筑

图2-12　绿色空间

图2-13　蓝色设施

图2-14　天蓝色装饰

图2-15　色彩

从色彩心理学讲，一般黑色偏暖，白色偏冷，即白冷黑暖的概念。色彩冷暖给人视觉感受是不同的，暖色调有迫近感或膨大感，即让人看起来从实际位置向前比实际面积大一些；冷色调则有后退感或收缩感。

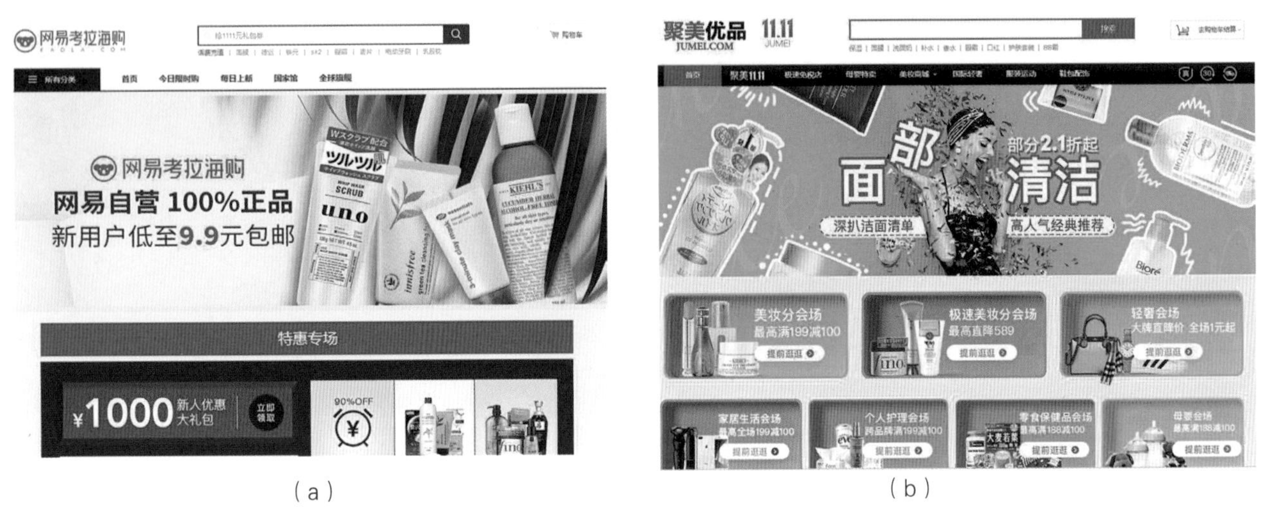

（a）　（b）

图2-16　网站设计

在平面设计中，应注意色彩冷暖感的心理效应。在设计网站时，上白下黑、上素下艳就有一种稳重沉静之感；相反，上黑下白、上艳下素则会使人感到轻盈、不安的感觉（图2-16）。

康定斯基在《论艺术精神》中对各物色彩不同感受进行了详细分析，如果画两个圆圈并分别描绘黄色和蓝色，静观片刻就可以看出，黄色圆圈周围出现一个从中心向外扩散的运动，而且明显向眼睛逼近；相比之下，蓝色却从周围向中心靠拢。色彩冷暖感的形成与人的生活经验和心理联想有联系。但是，色彩冷暖是相对的，介于蓝、绿、红、橙色之间，色彩的冷暖取决于它离哪一端更远又或者更近（图2-17、图2-18）。

图2-17　黄色

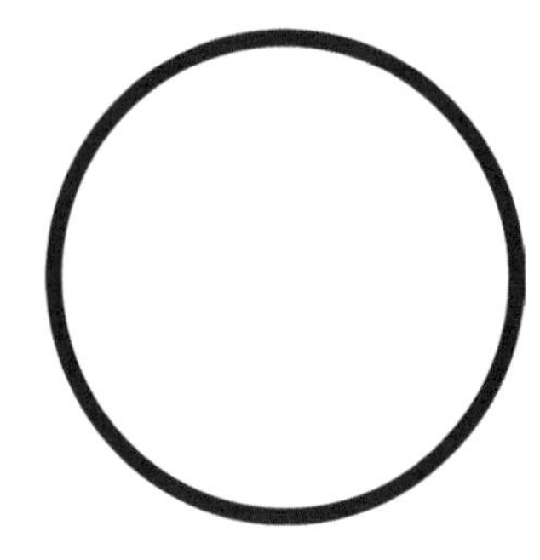

图2-18　蓝色

2. 色彩的轻重感

不同的色彩对象具有或轻或重的分量感。一般说暖色给人感觉偏重，密度大；冷色给人感觉偏轻，密度小。这种轻重感产生的原因，既有直觉的因素，更主要原因还在于联想的作用。如接近黑、深灰、深褐等深色会联想到煤、铁等具有重量感的物质；而白色等浅色会联想到白云、雪花等质地轻的物体。轻重感是人最普遍的知觉概念，这就决定了对色彩产生轻重联想的必然性和普遍性。通常情况下，明度高的色会感觉轻，同类色和类似色组中亮色轻，色相的轻重次序排列为白、黄、橙、红、中灰、绿、蓝、紫、黑。另外，颜料中的透明色比不透明色感觉轻。与冷暖相关的色彩轻重感的形成与色彩生理影响和消费者的生活经验有关，例如，在服装设计中，深色给人成熟稳重的气息；亮色给人活泼可爱的印象，在人群中能快速的辨认（图2-19）。

3. 色彩的明暗感

色彩明暗感主要因为白、黄、橙等色彩给人以心理上的明亮感觉；而紫、青黑等深色，给人以心理上的灰暗感觉。这主要与人们的生活与联想相关，看到白色、黄色、橙色想到白天、黄色灯、橙红色火等，给

（a）

（b）

图2-19　色彩的轻重感

人以心理上的明亮感觉；而看到青、紫、黑则联想到黑夜、丧礼礼服，给人以灰暗的感觉。

在室内照明设计中，暖色光源使整个房间看起来更加的温馨容易亲近，偏白的光源，如白炽灯，给人一种视觉上的明亮；而漆黑的、不开灯的房间则给人一种窒息的感觉，产生恐惧心理（图2-20、图2-21）。

图2-20　暖色照明

二、设计的色彩功能

设计的色彩功能指设计色彩对眼睛及心理的作用，具体一点说，包括对眼睛明度、色相、纯度、对比等刺激作用，给心理留下的印象。如人们在接触红色时会感到温暖，接触蓝色时会感到寒冷。色彩还能产生轻重、强弱、明快与忧郁、前进与后退、膨胀与收缩、兴奋与恬静、华美与质朴等感觉。色彩的各种感觉是心理作用的结果，跟物体的实际并不一致，但它对人的消费过程能产生一定影响。了解设计的色彩功能，更能恰如其分地应用色彩及其对比调和效果，把色彩表现力、视觉作用最充分地发挥出来，给人视觉与心灵上的愉悦、刺激和美的享受。

图2-21　亮色照明

（a）

（b）

图2-22 展示设计

图2-23 请柬设计

图2-24 封面设计

（a）

（b）

图2-25 商业产品设计

1. 红色功能

在可见光谱中红色波长最长，处于可见光的长波的极限附近，它容易使人产生兴奋、激动、紧张的心情。但红色光很容易造成视觉疲劳。因发光体辐射的红光可传导热能，使人感到温暖，这类感觉经验积累，给人以凡红色都温暖的印象，被称为暖色。

在商店的展示设计中，鲜花、果实类食品显现出动人的颜色，而红色给人留下艳丽、芬芳、富有生命力、充实、饱满、鲜丽、甜美、成熟等印象，使人产生购买的欲望（图2-22）。

在社会生活中，不少民族把红色作为欢乐、胜利、喜庆节日用色（图2-23），人们惯用红色作为兴奋与欢乐色用。由于红色拥有较高的注目性，使它在标志、旗帜、大众传播等用色上占了首位，成为最有力的宣传色（图2-24）。在商业设计中也广泛应用红色，使其成为商品畅销色（图2-25）。

人们曾做过实验，将受访者带进刷满红色涂料的房间，可明显感觉到受访者心跳加快、血压升高、并伴有皮肤出汗等症状，长时间待下去人会觉得兴奋、烦躁。如果室内装饰成这种颜色，将会是一种精神上难以忍受的折磨，严重者可能会产生心理疾病。所以设计师在进行室内环境设计时，红色作为一种具有刺激性的色彩，应谨慎使用或避免大面积使用。

2. 黄色功能

黄色是电磁波可视光部分的中波长部分，波长大约为570～585纳米，在可见光谱中黄色波长适中，与红色相比，视觉上要容易接受得多。阳光、人造光源都倾向于黄色，黄色光光感强，给人留下光明、辉煌、灿烂、柔和、充满希望等印象（图2-26、图2-27）。自然界中迎春、玫瑰、郁金香大都显现出美丽娇嫩的黄色，使它成为美丽与芳香的颜色，给人带来舒适的享受。秋天是一个收获的季节，万物开始走向成熟，黄色给人以丰硕的感受。在古代的社会生活中，帝王及宗教领袖常以黄色作为服饰的主要颜色，同时也是宫殿与庙宇的色彩，黄色使人产生崇高、智慧、神秘、华贵、威严等心理作用（图2-28、图2-29）。

图2-26　自然光

图2-27　人造光源

图2-28　古代帝王服饰

图2-29　宫殿装饰色彩

图2-30　柿子

图2-31　橘子

3. 橙色功能

在可见光谱中，橙色光波长居于红黄之间，色性也在两者之间，既温暖又明亮。橙色在空气中穿透力仅次于红色，注目性相当高，因而也被当作讯号色、节庆传播色，也易造成视觉疲劳。橙色又称橘红色或橘黄色，都是以成熟果实为名。在自然界中这种果实很多，橙色也属于引起食欲色，给人以香、甜的感受，使人感觉充足、饱满、成熟、愉快、有营养的心理感受（图2-30、图2-31）。

在工业安全设计用色中，橙色即是警戒色，如火车头、登山服装、机械作业、救生衣等。橙色一般可作为喜庆的颜色，同时也可作富贵色，如皇宫里的许多装饰都采用橙色。红、橙、黄三色，均称暖色，属于注目、芳香和引起食欲的颜色。橙色也可作餐厅的

图2-32 火车头设计

图2-33 机械设计

图2-34 服装设计

图2-35 安全设计

布置色，据说在餐厅里多用橙色可以增加食欲（图2-32～图2-35）。

4. 绿色功能

太阳是地球最重要的光源，投射到地球的光线中，绿色光占50%以上，人眼睛最适应绿色光的刺激，绿色光波在光谱中波长居中间位置。在各种高纯度色光中，绿色是使眼睛最能得到休息的色光。

绿色是植物色，可以称之为生命色。绿色生命和其他生命一样具有生命过程，不同阶段产生不同绿色，因此黄绿、嫩绿、淡绿、草绿象征着春天、生命、青春、幼稚、成长、活泼、具有旺盛的生命力，是能表现活力与希望的色彩；艳绿、盛绿、浓绿象征盛夏、成熟、健康、兴旺；灰绿、土绿、茶色象征秋季、收获。各色当中，由于绿色处于中庸、平静地位，又象征生命与希望，人们把它看成和平事业的象征色。

在城市交通设计中，因为交通讯号中的绿色代表可行所以绿色通道成为其引申词，意为快捷方便，一路畅通无阻（图2-36、图2-37）。由20世纪80年代起推出的紧急出口标识也普遍使用绿色（部分国家或地区仍然使用红色，在颜色象征意义下，部分人员将绿色视为禁止使用

图2-36 信号灯设计

图2-37 紧急出口标识设计

的紧急出口，容易造成解读混乱）。

5. 蓝色功能

它是红绿蓝光的三原色中的一员，在这三种原色中它的波长为440～475纳米，属于短波长。蓝色是永恒的象征，它的种类繁多，每一种蓝色又有着不同的政治或其他含义，另外以蓝色命名的音乐、书籍等也不乏其例。在可见光谱中，蓝色光的波长短于绿色光，穿透空气时形成折射角度大，在空气中辐射直线距离短。

蓝色容易让人联想到天空、海洋、湖泊、远山、严寒，让人感到崇高、深远、纯洁、透明、无边无涯、冷漠、流动、轻盈、缺少生命的活动，橙色作为心理学暖极，最鲜艳天蓝色称为冷极。蓝色的所在，往往是人类所知甚少的地方，如宇宙、深海、令人感到神秘莫测，现代人把它作为科学探讨领域，蓝色成为现代科学象征色，给人以冷静、沉思、智慧和征服自然力量。在许多国家警察的制服是蓝色的，因为蓝色有着勇气、冷静、理智、永不言弃的含义。另外，许多国家空军的军装也是蓝色的。

在商业设计中，强调科技、效率的商品或企业形象，大多选用蓝色当标准色、企业色，如电脑、汽车等，另外蓝色也代表忧郁，这是受了西方文化的影响，这个意象也运用在文学作品或有感性诉求的商业设计中（图2-38～图2-41）。

色彩在整个设计行业中扮演着重要的角色，而色彩设计也是设计师是否能够高人一等的重要设计技能。无论是商用软装设计还是环艺设计、平面设计、陈列设计，都离不开色彩的呈现。所以，懂“色”与用“色”对于设计师来说是必不可少的技能（图2-38~图2-41）。

图2-38 网页设计

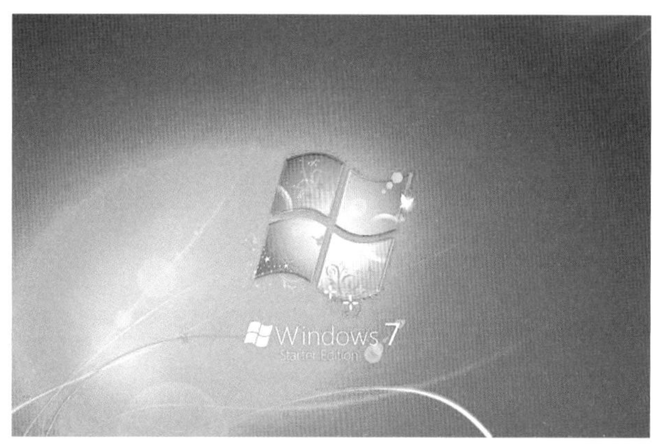

图2-39 电脑用色设计

图2-40 汽车外观设计

图2-41 企业用色设计

第二节　感觉的一般形态

我们平时说人有五官，所以人有五种感觉。事实上，人的感觉远远不止五种。根据刺激物的性质以及它所作用的感官的性质，可以将感觉区分为外部感觉和内部感觉。外部感觉接受外部世界的刺激，如视觉、听觉、嗅觉、味觉、肤觉等。其中视觉、听觉、嗅觉接受远距离的刺激，又叫距离感觉。内部感觉接受机体内部的刺激（机体自身的运动与状态），因而又叫内部感觉，如运动觉、平衡觉、内脏感觉等。

一、视觉

视觉（Vision）是人类最重要的一种感觉。它主要由光刺激作用于人眼所产生。在人类获得的外界信息中，80%来自视觉。视觉是通过视觉系统的外周感觉器官接受外界环境中一定波长范围的电磁波刺激，并经视觉中枢有关部分进行编码加工和分析后获得的主观感觉。视觉光线由角膜、瞳孔、晶状体（折射光线）、玻璃体（支撑、固定眼球）、视网膜（形成物像）、视神经（传导视觉信息）和大脑视觉中枢（形成视觉）构成（图2-42）。

1. 视觉刺激

光具有一定频率和波长的电磁辐射。它的频率范围为5×10^{14}~5×10^{15}赫，换算成波长为380~780纳米。在幅员广阔的电磁辐射中，可见光只是其中的一个狭窄的区域。在真空中，光按每秒30万公里的速度运行。当光线通过液体、气体或其他透明物质时，光速将下降。光线在由一种介质进入另一种介质时，将发生折射。这对了解视觉成像及整个视觉现象都是十分重要的。宇宙中能够产生光线的物体叫光源，如太阳和各种人造光源（灯泡、蜡烛等），其中最重要的是太阳。人眼的许多视觉特性主要是长期适应太阳光的特性产生的。太阳光是一种混合光，由不同波长的光线混合而成。太阳光通过三棱镜的折射，可产生由红到紫的各色光谱，这种现象叫色散（图2-43）。经过色散后不能再继续分解的光称为单色光，如红、橙、黄……紫等，它们具有单一的波长。如果把这些光汇合起来，又可以得到白光。在我们周围的环境中，除光源外，大部分物体不能自行发光，它们只能反射来自太阳或人造光源的光线。例如，

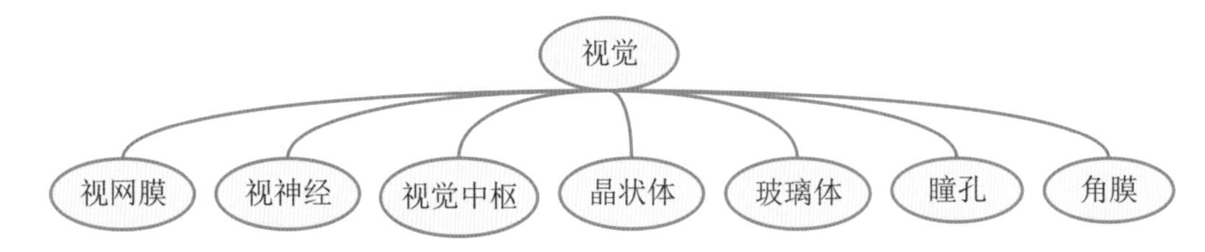

图2-42　视觉

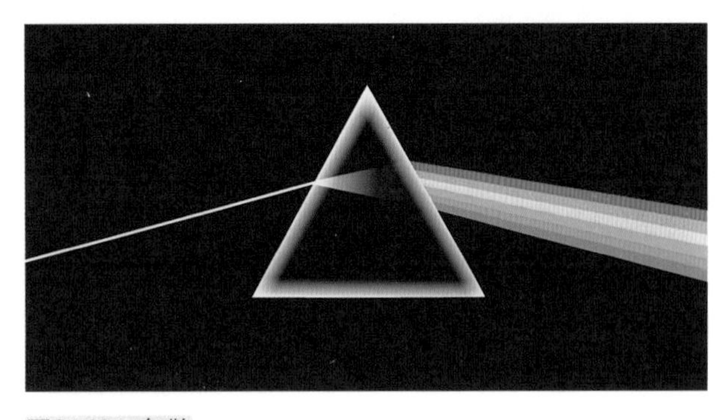

图2-43　色散

太阳光沿着一定角度射入空气中的水滴所引起的比较复杂的由折射和反射造成的一种色散现象。牛顿做的著名的“三棱镜”实验，证明了色散现象的存在。

月亮就是一个不能发光的物体，我们看到的月光，是月球表面反射的太阳光。在正常情况下，由于人眼不可能直接朝向光源，接受刺激，因此我们接受的光线主要是物体表面反射的光线。

2. 视觉的基本现象

光线的具有强度、空间分布、波长和持续时间等基本特性。人们的视觉系统在反应光的这些特性时，便产生了一系列的视觉现象。

（1）明度与视亮度

明度（Brightness）是眼睛对光源和物体表面明暗程度的感觉，主要是由光线强弱决定的一种视觉经验。一般来说，光线越强，看上去越亮；光线越弱，看上去越暗。由于人们看到的大多数光线，都是经由物体表面反射后进入眼睛的，而不是直接从光源来的，因此，明度不仅决定于物体照明的强度，而且决定于物体表面的反射系数。光源的照度越高，物体表面的反射系数越大（最大为1），看上去就越明亮。但是，光强与明度并不完全对应，如一个手电筒的亮光，白天显暗，夜晚显亮。可见，光源的强度相同，而引起人们的明暗感觉则是不一样的。亮度（Lightness）是指从白色表面到黑色表面的感觉连续体。它是由物体表面的反射系数决定的，而与物体的照度无关。物体表面的反射率高，就显得白；反射率低，则显得黑。一张白纸比一件灰色衣服白些，而灰色衣服又比一块黑煤白些。不论在强烈日光下还是在昏暗灯光下，黑煤看上去总是黑的，这是由物体表面的反射率决定的。

（2）明度的绝对界限与差别界限

在正常情况下，人的视觉系统能够对一定范围内的光强做出反应。经测定，这个范围大约从10^{-6}烛光／米^{2}到10^7烛光／米^2。根据光强对视觉的不同影响，这个范围又划分成暗视觉范围（10^{-6}烛光／米^2～10^{-1}烛光／米^2）、中间视觉范围（10^0烛光／米^2）和明视觉范围（10^1烛光／米^2～10^7烛光／米^2）。超过10^7烛光／米^{2}的光强，对人眼有破坏作用；低于10^{-6}烛光／米^{2}的光强，人眼就不能觉察了。后者成为视觉系统对光强的绝对界限。

明度的绝对界限与差别界限的大小，都与光刺激作用的网膜部位有关。网膜上棒体细胞分布较密集的地方（离中央窝16°～20°处），对光的感受性较高，因而明度的绝对界限值较低。相反，在锥体细胞集中的中央窝部位，对明度分辨的界限值较高。

3. 色觉缺陷

色觉缺陷包括色弱和色盲（Color Blindness）。色觉正常的人可以用三种波长的光来匹配光谱上任何其他波长的光，因而称三色觉者。色弱患者虽然也能用三种波长来匹配光谱上的任一波长，但他们对三种波长的感受性均低于正常人。在刺激光较弱时，这些人几乎分辨不出任何颜色。色弱患者在男人中占6%，是一种常见的色觉缺陷。另一种色觉缺陷

－补充要点－

色盲

先天性色觉障碍通常称为色盲，它不能分辨自然光谱中的各种颜色或某种颜色；而对颜色的辨别能力差的则称色弱。色弱者，虽然能看到正常人所看到的颜色，但辨认颜色的能力迟缓或很差，在光线较暗时，有的几乎和色盲差不多，或表现为色觉疲劳，它与色盲的界限一般不易严格区分。色盲与色弱以先天性因素为多见。男性患者远多于女性患者（图2-44）。

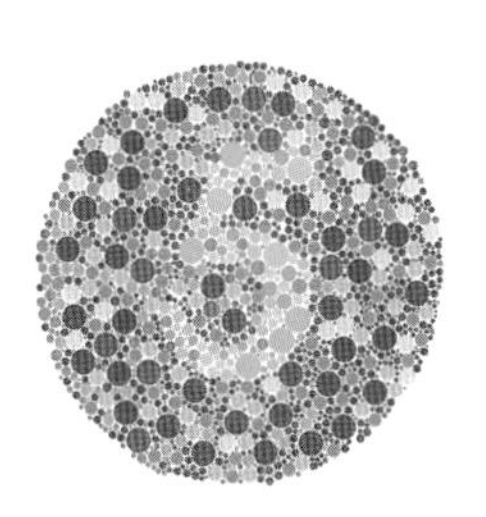

（a）

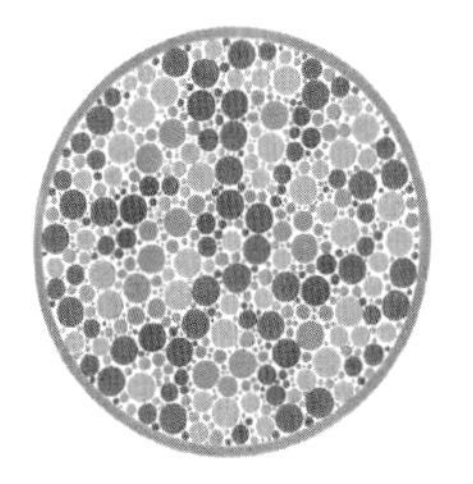

（b）

图2-44　色盲测试图

为色盲。它又分全色盲和局部色盲两类。患全色盲的人只能看到灰色和白色，丧失了对颜色的感受性。这种人一般缺乏锥体系统。无论在白天还是晚上，他们的视觉都是棒体视觉。这种病人很少见，在人口中只占0.001%。患局部色盲的人还有某些颜色经验，但他们经验到的颜色范围比正常人要小得多。

由于红绿色盲患者不能辨别红色和绿色，因而不适宜从事美术、纺织、印染、化工等需色觉敏感的工作。驾驶员不得有红绿色盲、色弱。因为，有红绿色盲的人就不能正确辨认交通指挥信号、交通标志以及前方车辆的信号灯（制动、转向）的颜色等；色弱的人在黄昏和夜晚，对闪烁着各种颜色的灯光也辨不清是红色或绿色，很容易导致交通事故。

4. 视觉的空间因素

视觉对比（Visual Contrast）是由光刺激在空间上的不同分布引起的视觉经验，可分成明暗对比与颜色对比两种。

明暗对比是由光强在空间上的不同分布造成的。例如，从同一张灰纸上剪下一个小的正方形，分别放在一张白纸和一张黑纸的背景上，这时人们看到，放在白色背景上的小正方形比放在黑色背景上的小正方形要暗得多，由于背景的灰度不同，对比的效果也不同。可见，物体的明度不仅取决于物体的照明及物体表面的反射系数，而且也受物体所在的周围环境的明度的影响。当某个物体反射的光量相同时，由于周围物体的明度不同，可以产生不同的明度经验，这种现象叫明度的对比效应。颜色也有对比效应，一个物体的颜色会受到它周围物体颜色的影响而发生色调的变化。例如，将一个灰色正方形放在蓝色背景上，正方形将略显黄色；放在黄色背景上，正方形将略带蓝色。总之，对比使物体的色调向着背景颜色的补色方向变化（图2-45）。

研究视觉对比有实践的意义。据记载，18世纪初，在法国巴黎的一家制造毛毯的工厂里发生过这样一件事：工人们抱怨织进毛毯的黑色毛线的颜色，怀疑是由黑色染料造成的。后来，他们请教了一位化学家，经过研究发现，问题是由黑色毛线周围的颜色对比引起的，而与黑色染料的质量无关，这就是著名的马赫带现象。直到今天，在纺织工业、印染工业和编织工艺中，视觉对比仍有重要的意义。

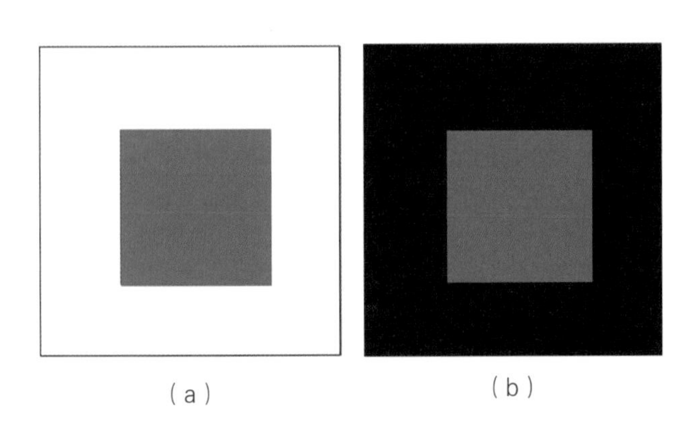

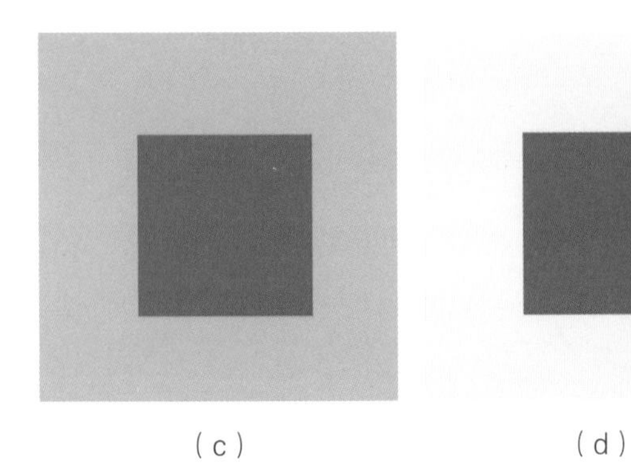

图2-45　明暗对比

－补充要点－

马赫带现象

马赫带（Mach band effect）是奥地利物理学家·E·马赫发现的一种明度对比现象。它是一种主观的边缘对比效应。视觉系统会在不同强度区域的边界处出现“下冲”或“上冲”现象。当观察两块亮度不同的区域时，边界处亮度对比加强，使轮廓表现得特别明显（图2-46）。

图2-46　马赫带现象

如图2-46所示，虽然条带的强度恒定，但在靠近边界处人们实际感知到了带有毛边的亮度模式。这些看起来带有毛边的带称为马赫带，是一种主观的边缘对比效应。

二、听觉

人的感觉除视觉外，另一种最重要的感觉就是听觉（Hearing）。人们通过听觉可以和别人进行言语交际，可以欣赏音乐和钢琴协奏曲。许多危险信号也是通过听觉传递给人的。因此，听觉在动物和人的适应行为中有重要的作用。

声波是听觉的适宜刺激。它是由物体振动产生的，如人的声音是由声带振动产生的，小提琴的声音是由琴弦振动产生的。物体振动时对周围空气产生压力，使空气的分子作疏密相间的运动，这就是声波。声波通过空气传递给人耳，并在人耳中产生听觉。

声波作用于听觉器官，使其感受细胞兴奋并引起听神经的冲动发放传入信息，经各级听觉中枢分析后引起感觉。声波的物理性质包括频率、振幅和波形。频率指发声物体每秒振动的次数（周／秒），单位是赫兹（Hz）。不同声音，其频率也不相同。成年男子语音的频率低，而女子和小孩语音的频率高；建筑工地上砸夯机的声音频率低，而工厂汽笛的声音频率则较高。人耳所能接受的振动频率为16～20000赫（Hz）。低于16赫的振动叫次声，高于20000赫的振动叫超声波，它们都是人耳所不能接受的。

振幅是指振动物体偏离起始位置的大小。发声体振幅大小不一样，它们对空气形成的压力大小也不一样。振幅大，压力大，我们听到的声音就强；振幅小，压力小，我们听到的声音就弱。测量声音的物理强度的单位为帕，1帕=1牛／米^2，它是用单位面积上所受的压力大小来表示的。测量声音的强度有时也用声压水平，单位为分贝（dB）。

声波最简单的形状是正弦波。由正弦波得到的声音叫纯音，如用音频信号发生器和音叉发出的声音就属纯音。在日常生活中，人们听到的大部分声音不是纯音，而是复合音，这是由不同频率和振幅的正弦波叠加而成的。例如，我们把一个频率为10赫的正弦波与一个频率为20赫的正弦波叠加在一起，我们就可以得到一个波形不同的复合音。

三、肤觉

皮肤是人体面积最大的结构之一，具有各式各样的机能和较高的再生能力。人的皮肤由表皮、真皮、皮下组织等三个主要的层和皮肤衍生物（汗腺、毛发、皮脂腺、指甲）所组成。由各种各样的刺激引起的感觉叫肤觉（Skin sense）。由于我们具有像视觉、听觉这些接受远距离刺激的感官，以至于肤觉的重要性常被人们所忽视。

人们通常将触觉、温觉、冷觉和痛觉看作是几种基本的肤觉，肤觉感受器在皮肤上呈点状分布，称触点、冷点、温点和痛点。身体的部位不同，各种点的分布及其数目也不同（表2–1）。

表2–1　不同部位的肤觉感受值

身体部位	痛觉	触觉	冷觉	温觉
额	185	55	9	0.6
鼻尖	48	98	15	1.0
胸	200	31	10	0.3
前臂掌面	210	18	5	0.1
手背	180	15	8	0.5
拇指肚	65	119	3	0.8

肤觉对人类的正常生活和工作有重要意义，人们对事物空间特性的认识和触觉分不开。人的触觉不仅能够认识物体的软、硬、粗、细、轻、重等特征，而且它与其他感觉的联合，还能认识物体的大小和形状。在视觉、听觉损伤的情况下，肤觉起着重要的补偿作用。盲人用手指认字、聋人靠振动觉欣赏音乐，都利用了肤觉来补偿视觉和听觉的缺陷。肤觉对维持机体与环境的平衡也有重要的作用。如果人们丧失痛

觉和温觉、冷觉，就不能回避各种伤害人体的危险，也不能实现对体温的调节。

1. 触压觉

由非均匀分布的压力（压力梯度）在皮肤上引起的感觉，叫触压觉。触压觉分触觉和压觉两种。外界刺激接触皮肤表面，使皮肤轻微变形，这种感觉叫触觉；外界刺激使皮肤明显变形，叫压觉。另外，振动觉和痒觉也属于触压觉的范围。但引起痒觉的刺激不仅有机械刺激，还有化学刺激，如蚊子、蚂蚁叮咬后，由于蚁酸的作用也引起痒觉。

2. 温度觉

身体的不同部位，生理温度不同，因而对温度刺激的敏感程度也不同。身体裸露的部位生理零度大概为28℃，前额为35℃，衣服内为37℃。入浴时，用手试水温，觉得不凉，等到水淋在身上，就觉得太凉了。这是因为手部的生理零度较低，而躯体、背部的生理零度较高，因而对同一温度刺激会有不同的反应。温度觉还取决于受刺激的皮肤面积的大小。如果将左手的一个手指伸入40℃的水中，而将整个右手放入37℃的水内，那么会觉得右手更热些。

四、嗅觉

嗅觉（sense of smell）是由有气味的气体物质引起的。这种物质作用于鼻腔上部黏膜中的嗅细胞，产生神经兴奋，经嗅束传至嗅觉的皮层部位——海马回沟内，因而产生嗅觉。

嗅觉感受性受许多因素的影响。首先，对不同性质的刺激物有不同的感受性。例如，乙醚的嗅觉阈限为5.8毫克/升空气，而人造麝香的嗅觉阈限为0.00004毫克/升空气。其次，它和环境因素、机体状态有关。例如，温度太高、太低，空气中的湿度太小，人患有鼻炎、感冒等疾病，都会影响嗅觉的感受性。最后，适应会使嗅觉感受性明显下降。“入芝兰之室，久而不闻其香；入鲍鱼之肆，久而不闻其臭”，这个现象就是由于刺激物的持续作用而引起嗅觉感受性的下降（图2-48）。嗅觉是一种由感官感受的知觉，它由两个感觉系统参与，即嗅神经系统和鼻三叉神经系统。嗅觉和味觉会整合和互相作用。

通过嗅觉传递信息是一种化学传递方式，它可以调节动物在环境中的行为。某些动物分泌的化学物质——信息素（Pheromone）对另一动物将产生重要的作用，如引诱异性、指明应走的道路、标志出所属的边界、证明是否同窝动物、在危急时发出警报、使群体集合或解散等。例如，人走到某街道上，能准确知道哪里有饭馆；在路上，迎面走来的人身上散发出的香水味；警察利用军犬灵敏的嗅觉追踪犯罪者等。对于同一种气味物质的嗅觉敏感度，不同人有很大的区别，有的人甚至缺乏一般人所具有的嗅觉能力，我们通常称其为嗅盲。就是同一个人，嗅觉敏锐度在不同情况下也有很大的变化。如某些疾病，对嗅觉就有很大的影响，感冒、鼻炎都会降低嗅觉的敏感度。环境中的温度、湿度和气压等的明显变化，也都对嗅觉的敏感度有很大的影响。在听觉、视觉损伤的情况下，嗅觉作为一种距离分析器具有重大意义。盲人、聋哑人运用嗅觉就像正常人运用视力和听力一样，他们常常根据气味来认识事物，了解周围环境，确定自己的行动方向。

图2-47 趾压板设计

图2-48 嗅觉

第三节　错觉设计

错觉是人们观察物体时，由于物体受到形、光、色的干扰，加上人们的生理、心理原因而误认物象，会产生与实际不符的判断性的视觉误差。错觉是知觉的一种特殊形式，它是人在特定的条件下对客观事物的扭曲的知觉，也就是把实际存在的事物被扭曲的感知为与实际事物完全不相符的事物。

错觉是指对客观事物的不正确感知，是一种被歪曲了的知觉。与错觉容易混淆起来的是幻觉。幻觉，是在没有现实刺激作用于感觉器官的情况下所出现的知觉体验。幻觉，是一种虚幻的知觉，是在当事人过去生活实践基础上所产生的。幻觉和错觉的主要区别在于幻觉产生时，并没有客观刺激物作用于当事人的感觉器官；而错觉的产生，不仅当时必须要有客观刺激物作用于当事人的感觉器，而且知觉的印象性质与刺激物是一致的。一言蔽之就是“错觉是一种错误的感知觉”；而幻觉则是“一种虚幻的不存在的感知觉”。在通常的情况下，错觉多见于正常人；而幻觉，则多见于精神病人，因而幻觉是一种严重的知觉障碍。错觉从产生的来源可分为心理性、生理性和病理性三种。

知觉的这一特性对维持人的正常生存是必不可少的。但是，有时候人们也会产生各种各样的错觉（Illusion），即我们的知觉不能正确地表达外界事物的特性，而出现种种歪曲。例如，太阳在天边和天顶时，它和观察者的距离是不一样的，在天边时远，在天顶时近。按照物体在视网膜上成像的规律，天边的太阳看去应该小，而天顶的太阳看去应该大。但人们的知觉经验正与此相反，天边的太阳看去比天顶的太阳大得多。我国古书《列子》中曾有记载:孔子东游，见两小儿斗辩，问其故。一儿曰:“日初出大如车盖，及日中则如盘盂。此不为远者小而近者大乎?”一儿曰:“日初出苍苍凉凉，及其日中，如探汤，此不为近者热而远者凉乎?”孔子不能决也。两小儿笑曰:“孰为汝多知乎?”这里所讲的近如“车盖”、远似“盘盂”的现象，就是错觉现象（图2-49、图2-50）。

错觉虽然奇怪，但不神秘。产生错觉不仅有客观的原因，还有主观的原因。研究错觉的成因有助于揭示人们正常知觉客观世界的规律。从消极方面讲，它有助于消除错觉对人类实践活动的不利影响。例如，飞机驾驶员在海上飞行时，由于远处水天一色，失去了环境中的视觉线索，容易产生“倒飞”错觉。这可能会引起严重的飞行事故。研究这些错觉的成因，在训练飞行员时增加有关训练，有助于消除错觉，避免事故的发生。从积极方面讲，人们可以利用某些错觉为人类服务。例如，人们掌握了动景运动的规律，就可以从连续呈现的静止图片中获得清晰的运动景象（图2-51）。

图2-49　近大

图2-50　远小

(a)

(b)

图2-51 现象错觉

一、大小错觉

人们对几何图形大小或线段长短的知觉，由于某种原因而出现错误，叫大小错觉。

1. 缪勒-莱耶错觉(MullerLyer Illusion)

缪勒-莱耶错觉又称为箭形错觉。有两条长度相等的直线，如果一条直线的两端加上向外的两条斜线，另一条直线的两端加上向内的两条斜线，那么前者就显得比后者长得多(图2-52)。

2. 潘佐错觉(Ponzo Illusion)

潘佐错觉又称为铁轨错觉。在两条辐合线的中间有两条等长的直线，结果上面一条直线看上去比下面一条直线长些(图2-53)。

3. 垂直-水平错觉(Horizontal-Vertical Illusion)

两条等长的直线，一条垂直于另一条的中点，那么垂直线看上去比水平线要长一些(图2-54)。

4. 贾斯特罗错觉(Jastraw Illusion)

两条等长的曲线，包含在下图中的一条比包含在上图中的一条看上去长些(图2-55)。

5. 多尔波也夫错觉(Dolboef Illusion)

两个面积相等的圆形，一个在大圆的包围中，另一个包围着小圆，结果前者显小，后者显大(图2-56)。

二、形状和方向错觉

1. 佐尔拉错觉(Zollner Illusion)

一些平行线由于附加线段的影响而看成是不平行的(图2-57)。

2. 冯特错觉(Wundt Illusion)

两条平行线由于附加线段的影响，使中间显得狭而两端显得宽，直线好像是弯曲的(图2-58)。

3. 爱因斯坦错觉(Einstein Illusion)

在许多环形曲线中，正方形的四边略显弯曲(图2-59)。

4. 波根多夫错觉(Poggendoff Illusion)

被两条平行线切断的同一条直线，看上去不在一条直线上(图2-60)。

三、错觉在设计中的应用

利用空间错觉，丰富商品陈列，降低经营成本。当一位行人路过一家房顶悬挂各种灯具的商店，各式各样的灯具连成一片，璀璨夺目，吸引他不由自主地走了进去，进去了才发现这个商店并不大，只是由于周围全镶上了镜子，从房顶延伸下来，使整个店堂好像增加了一倍的面积，由于镜面的折射和增加景深的

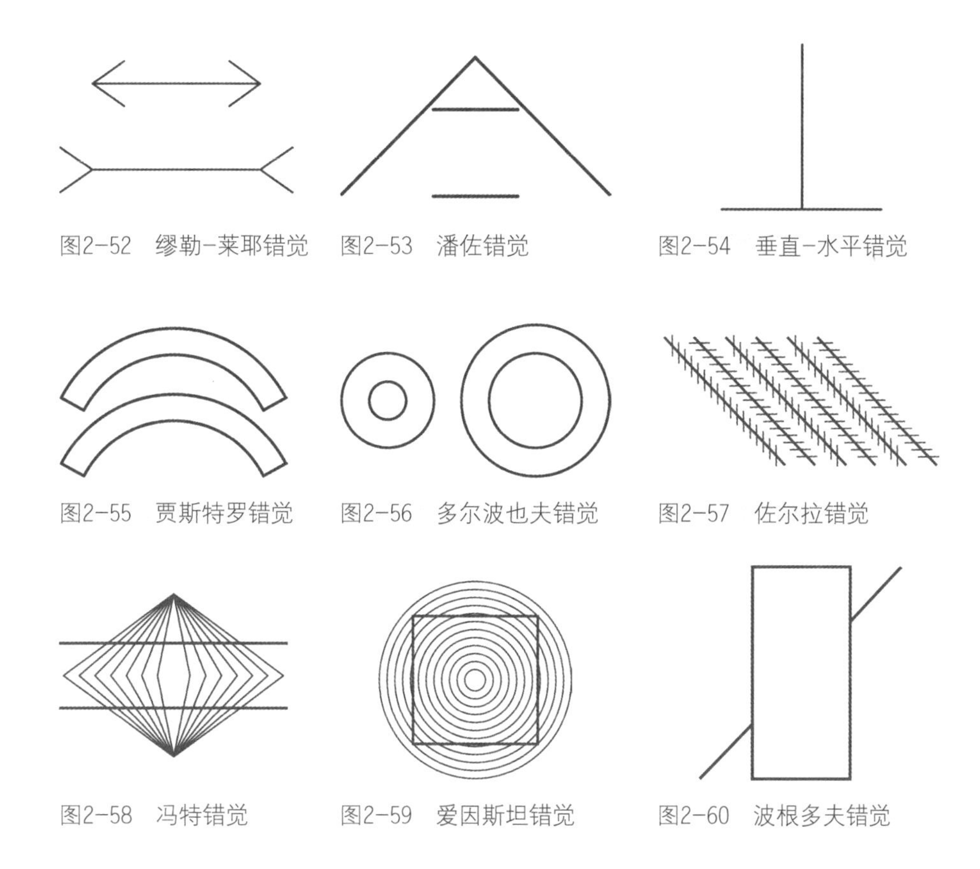

图2-52　缪勒-莱耶错觉　图2-53　潘佐错觉　图2-54　垂直-水平错觉

图2-55　贾斯特罗错觉　图2-56　多尔波也夫错觉　图2-57　佐尔拉错觉

图2-58　冯特错觉　图2-59　爱因斯坦错觉　图2-60　波根多夫错觉

作用，使得屋顶上悬挂的灯具也陡然增加了一半，显得丰盛繁多，给人以目不暇接之感。这就是空间错觉在商业中的妙用。

在寸土寸金的商场中，如何陈列商品，直接关系到商品的销售效果。在商品陈列中充分利用镜子、照明之类的手段，不仅能使商品显得丰富多彩，而且能减少陈列商品的数量，降低商品损耗和经营成本。在一些空间较小的区域，利用镜子、照明等手段使空间显大，不仅能调节消费者的心情，也能使销售人员以好的心情为消费者服务，避免由于心情不好而造成主顾间的矛盾冲突（图2-61）。

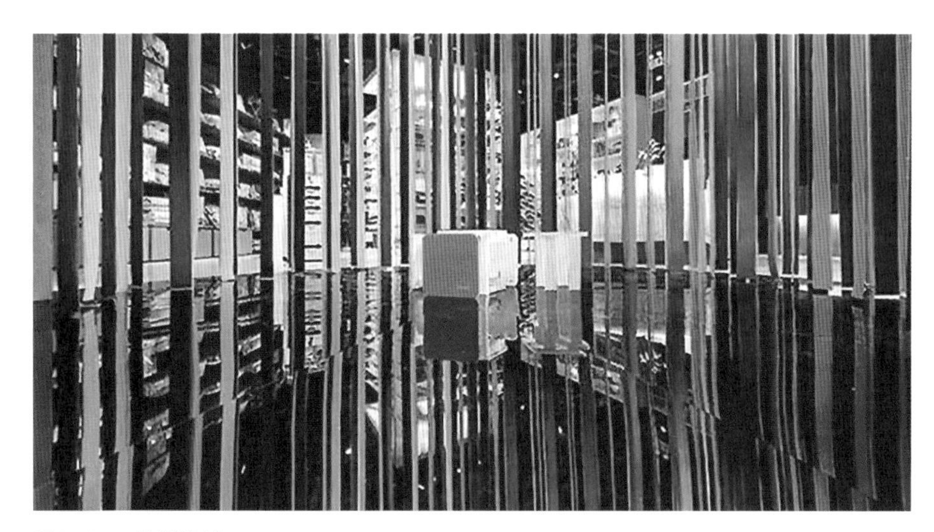

图2-61　错觉设计

1. 产品设计

利用视线产生的错觉来进行产品设计，会有意想不到的效果（图2-62）。

2. 错觉剪影

你看过把太阳吞进嘴里的照片，你看过脚踩大楼的照片，你看过变成巨人的照片……你暗暗称奇，觉得不可思议或认为是PS，其实这只是错觉艺术。如今利用错觉进行摄影已经成为很多人的爱好（图2-63）。

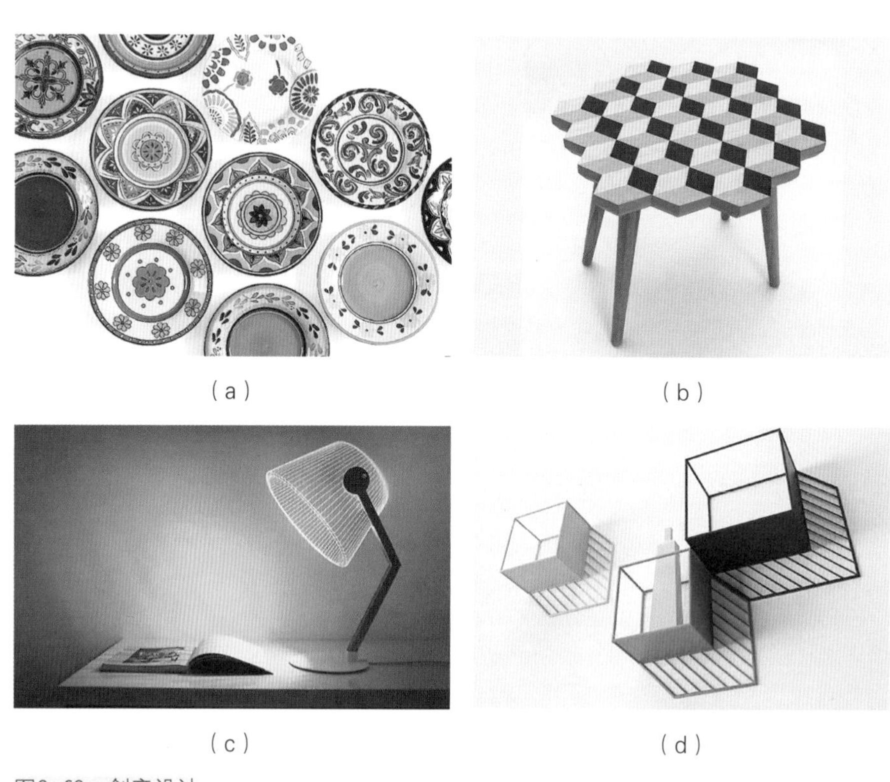

（a）（b）（c）（d）

图2-62 创意设计

（a）（b）（c）（d）

图2-63 错觉摄影

利用时间错觉，调整心态，提高经营绩效。也许你有过“等人”的经历，时间的难熬令人头痛不已，心情也出奇的糟糕。如果你一边等人，一边看书或听音乐，就会发现时间过得也挺快的。这是由于你在看书或听音乐时，分散了对时间的注意，实现了对时间由有意注意到无意注意的转移，从而造成了“时间快”的错觉。在很多商场里我们都能听到音乐声，但大多数商场却不知道音乐到底该怎样播放才好。音乐对人的情绪的影响是很大的，乐曲的节奏、音量的大小都会影响顾客和营业员的心情。心情好，主顾之间就会避免很多不必要的矛盾和冲突，就会出现很多商机，就会取得更高的社会效益和经济效益。如果在顾客数量较少时播放一些音量适中、节奏较舒缓的音乐，不仅能使主、顾心情更加舒畅，而且还能放慢顾客行动的节奏，延长在商场的停留时间，增加较多的随机购买几率，也使销售人员的服务更加到位。如果在顾客人数较多时播放一些音量较大、节奏较快的音乐，会使主、顾的行动节奏随着音乐的节奏而加快，进而提高购买和服务的效率，避免由于人多效率低而引起的心情不好，矛盾冲突增多的情况的出现。

– 补充要点 –

情感化设计

情感化设计是指旨在抓住消费者的注意力、诱发情绪反应以提高执行特定行为的可能性的设计。情绪反应可以是有意识的或无意识的，例如，影响唤醒水平（即生理刺激），一个有着明亮色彩的按钮能够无意识地抓住用户的注意。

人是视觉动物，对外形的观察和理解是出自本能的。如果视觉设计越是符合本能水平的思维，就越可能让人接受并且喜欢。随着人们消费需求的提高以及市场竞争的日益激烈，人的感性心理需求得到了前所未有的关注，人们已经不再满足单纯的物质需求，人的需求正向着情感互动层面发展，同时它又是一种开放式互动经济形式，主要强调商业活动给消费者带来独特的审美体验。在产品设计中所占的比重会越来越大，设计出更多满足消费者心理需求的产品，将会是市场的必然趋势（图2-64）。

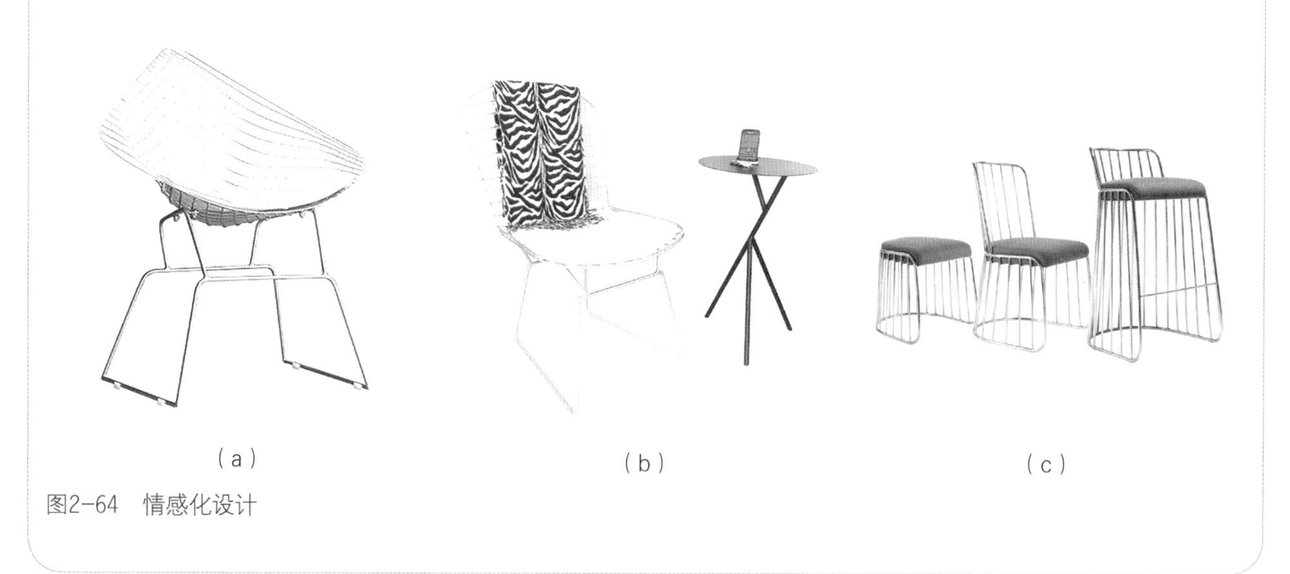

（a）　（b）　（c）

图2-64　情感化设计

课后练习

1. 设计的意识形态有哪几种?
2. 色彩有哪些特殊形式，给人怎样的视觉感受?
3. 中国传统设计常用的色彩有哪些?
4. 代表一年四季的颜色有哪些，在视觉上有哪些变化?
5. 生活中常见的色彩设计有哪些?
6. 错觉给我们生活带来了什么影响?
7. 常见的错觉现象有哪些?
8. 生活中有哪些马赫带现象，请举例说明。
9. 利用错觉的想象设计出一款新颖别致的作品，内容不限。

第三章
意识与设计思维

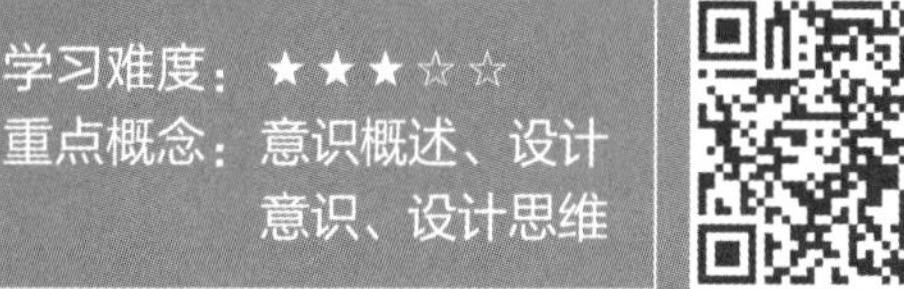

PPT课件，请在计算机里阅读

章节导读

设计意识是设计师潜在的思维模式，一个好的设计首先要在设计师的脑海中形成一定的设计原型，经过不断的思维突破，然后将思维转换为图纸、文字，最终将设计以实物的方式呈现出来，被大众所接受认可。好的设计一定是经过不断地思索和修改，将最好的一面呈现出来（图3-1）。

图3-1　创意设计

第一节　意识的概述

一、意识

大家可能有过这样的经历，在课堂上，尽管老师讲得眉飞色舞，你却心猿意马，直到下课也不知道老师讲了些什么；在你专心思考问题时，你根本没有听到或没有听懂别人对你说的话；你觉得一天中的某一段时间里精神特别好，做事效率特别高，过了这段时间，精神状态就没有那么好了；或者，在早晨刷牙的时候，你无端地想起去年发生的一件事情，思绪也随之像脱缰的野马，瞬间转换了无数个念头。如果你有过这样的经历，应该说，你已经在日常生活中经历了不同的意识状态。在不同的意识状态下，我们对周围世界及自身变化的知觉和敏感程度处在不同的水平，当休息或生病发高烧时，意识状态的变化会更加明显（图3-2）。

在心理学发展的早期，意识曾经是心理学研究的中心问题之一。一些心理学家认为心理学的目的是研究心理学的结构、心理构成与设计思维内容等元素，以及把各元素组合为意识内容的基本规则。20世纪初，行为主义强调心理学研究的客观性，以人们外部观察的行为作为研究的对象，把意识完全排除在心理

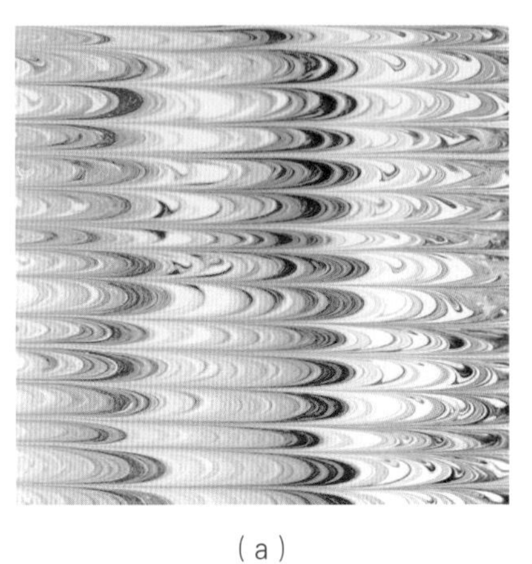

（a）

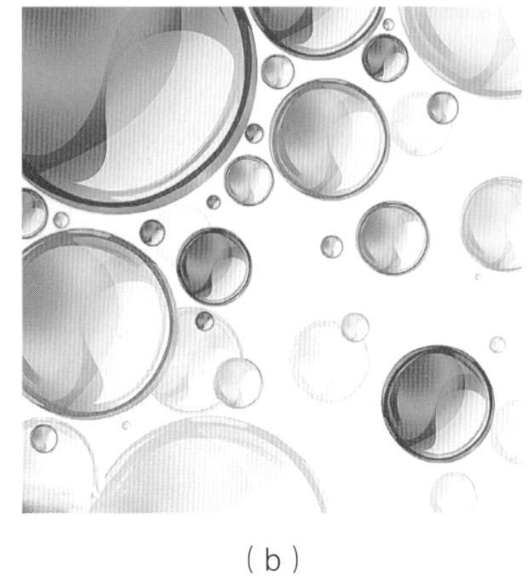

（b）

图3-2　意识状态

图3-3　产品外观

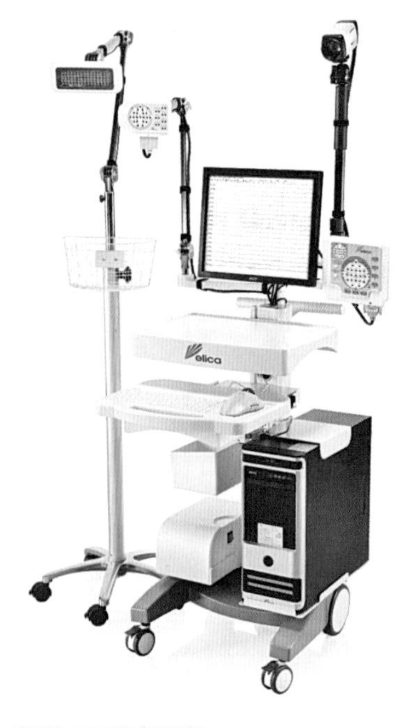

图3-4　脑电图仪

学研究的范围之外。直到20世纪中叶，认知心理学兴起后，心理学家重新将人的内部心理过程作为研究对象，从而恢复了意识在心理学中的地位。除认知心理学之外，其他方面的一些研究也推动了意识研究的发展。1929年，汉斯·伯格（Hans Berger）发明了脑电图仪，为心理学家研究意识提供了新的手段（图3-3、图3-4）。

从20世纪60年代开始，心理学家在吸毒、催眠方面做了大量研究。同时，以亚伯拉罕·马斯洛和卡尔·兰塞姆·罗杰斯为代表的人本主义心理学兴起后，充分肯定了个体的潜能和价值，个体被视为独一无二的，可以通过意识执行其意志和愿望，意识经验因而受到特别重视。而认知神经科学将人的认知过程、神经机制以及病理学的临床发现结合起来，从而提供了一种综合的视角，进一步推动了意识研究的发展（图3-5、图3-6）。

心理学界对意识（Consciousness）的理解分广义和狭义两种。广义的意识是指大脑对客观世界的反应，这表现了心理学脱胎于哲学的一种特殊的学术现象；而狭义的意识则是指人们对外界和自身的觉察与关注程度，现代心理学中对意识的论述则主要是指狭义的意识。

意识本身很复杂，它可以从不同的角度进行理解。首先，意识是一种觉知。意味着“观察者”觉察到了某种“现象”或“事物”，例如，好朋友刚换了新发型、老师对你的文章给予了高度评价、从手机传来的优美音乐等，当你觉察到这些外部事物的存在时说明你已经意识到了它们（图3-7）。同样，人也能觉察到某些内部状态，如疲劳、焦虑、晕厥等。人还能觉察到时间的延续性和空间的广延性等。其次，意识是一种高级的心理官能。对个体的身心系统起到统合、管理和调控的作用。就像在机器人或人工智能这样复杂的信息加工系统中，通常需要一些特定的功能对系统进行控制和调节，这种控制和调节对系统的正常运行与保持一定的功效有着重要作用。换句话说，意识不只是对信息的被动觉察和感知，它还具有能动性和调节作用。意识是一种心理状态，它可以分为不同的层次或水平，如从无意识到意识再到注意，这是一个连续体。另外，意识还存在一般性变化，如觉醒、惊奇、愤怒、警觉等。

图3-5　马斯洛

马斯洛的人本主义心理学为其美学理论提供了心理学基础。其心理学理论核心是人通过“自我实现”，满足多层次的需要系统，达到“高峰体验”，重新找回被技术排斥的人的价值，实现完美人格。

二、无意识

无意识（Unconsciousness）是相对于意识而言的，是个体不曾觉察到的心理活动和过程。按照精神分析学派弗洛伊德的观点，无意识包括大量的观念、愿望、想法等，这些观念和愿望因为和社会道德存在冲突而被压抑，不能出现在意识中。如果把人的心理比作一座冰山的话，那么人的意识便是露出水面的冰山顶端，它只占人心理很小的一部分，大部分的心理活动或过程是无意识的（图3-8）。

无意识行为有时是那些已经自动化了的行为，不受意识的控制。例如，在骑自行车时，一个人可以毫无困难地思考其他的问题，或与别人交谈，没有意识到自己是如何维持车的平衡的。在日常生活中，人们的许多小动作，如挠头皮等，也都是无意识的动作。如果把这些日常活动用录像带录下来，再播放给自己看，人们常常会对自己的行为感到惊讶。

盲视（Blindsight）是由于脑损伤引起的一种无意识刺激行为。韦斯克朗兹（Weiskrantz）于1986年曾报道过一个案例，一个大脑皮层17区受损的病人，其视野的绝大部分变成了一个大的黑点。尽管他无法觉察到，也描述不出呈现于这个大黑点的刺激，但可以对呈现于这个黑点内的不同刺激进行区分，如果超过几率水平，说明尽管该病人“看”不到刺激，却可以对刺激进行一定程度的信息加工（图3-9）。

图3-6　罗杰斯

罗杰斯提出的“以人为中心的治疗”代表着人本主义心理治疗的主要趋向。即如果给来访者提供一种最佳的心理环境或心理氛围，他们就会倾其所能，最大限度地进行自我理解，改变其对自我和对他人的看法，产生自我指导行为，并最终达到心理健康的水平。

（a）

（b）

（c）

图3-7　意识

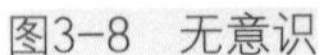

图3-8　无意识

图3-9　盲视

图3-10　睡眠仪

睡眠仪是一种帮助人体睡眠的理疗仪器。它运用电磁刺激、仿生物波等技术来帮助人们睡眠。睡眠仪可分为低频电磁刺激诱导睡眠、传统生物反馈治疗、数字频率合成仿生物电波。

三、意识的状态

1. 睡眠

（1）睡眠的概述

睡眠是我们日常生活中最熟悉的活动之一，人的一生中大约有三分之一的时间是在睡眠中度过的。睡眠是一种重要的生理现象。人们在一天紧张的工作和学习之后，不论是脑力或是体力，都处于高度疲劳状态，只有合理和科学的睡眠，才能使全身的细胞处于放松和休息状态，尤其是大脑神经细胞。因此睡眠便成为一种使人体的精力和体力疲劳恢复正常的最佳休息方式。在我们睡着的时候，对自身和外界的事情几乎是一无所知的。从睡眠仪的检查结果来看，正常人在睡眠时有时眼球不活动或者只有很慢的浮动，这段时间比较长，但有时眼球很快地来回活动，这段时间比较短，在眼球慢动或快动的同时，脑电图也出现不同的变化（图3-10）。

在古代，人们认为睡眠和死亡很相似，是灵魂暂时离开了肉体。在睡梦中一个人可以遇到已故的老友，到达从未去过的地方等。现在情况发生了很大的变化。心理学研究已大大加深了我们对睡眠的理解，知道睡眠与死亡完全不同。当一个人从清醒状态进入睡眠状态时，其大脑的生理活动会发生复杂的变化。

（2）睡眠的功能

功能恢复理论认为，睡眠使工作了一天的大脑和身体得到休息、休整和恢复。这种解释听起来很有道理，因为我们在一觉醒来后通常会觉得精力充沛，浑身是劲。例如，二战期间由于缺乏劳动力，英国某些军工厂决定延长工人的工作时间，每周工作70小时。开始的1～2周，产品数量稳步增长，第3周后发现随着产量的增加，废品率也随之上升，最后每小时生产的合格产品远远低于加班之前，结果只能减少加班时间，直到每周工作54小时，产品的合格率才又达到高峰（图3-11）。

有人提出，睡眠中的某个成分可能对个体的身心健康有重要影响。例如，快速眼动睡眠对个体健康很重要，剥夺这类睡眠会产生有害影响。生态学理论认为，动物睡眠的目的是要减少能量消耗和避免受到伤害。例如，我们的祖先不适应在黑暗中觅食，而且夜幕降临后还可能受到老虎、狮子等大型肉食动物的威胁，所以要在夜里躲到安全的地方睡觉。随着生物进化，睡眠演变为生理功能周期性变化的一个中性环节，是正常的脑功能变化的一部分。

2. 失眠

很多人都有过入睡困难、睡眠不好的经历，这种现象通常称为失眠（Insomnia）。大约有40%的成人报告自己有过失眠的经历。失眠随着年龄的增长有增加的趋势，通常女性比男性更为常见。对大多数人来说，失眠发生在一些特殊的时间或场合，如高考前夜、刚到一个新环境等。对于有些人来说，入睡难的问题显得很有规律，并对正常生活有不良影响。这时候失眠就成为一种病症，称为失眠症。一般来说，失眠症患者需要更长的时间才能入睡，而且夜间经常醒来，每天的睡眠没有规律。与正常人相比，失眠症患者在睡眠时的脑电图记录更容易不正常，个体处于清醒并且是安静状态时的脑电波在睡眠中一般不会出现。

失眠通常会伴随其他方面的问题，最常见的是精神失调，如焦虑、精神抑郁等。在这种情况下，很难说清楚失眠症究竟是原因还是结果，或两者相互影响。就失眠本身来说，在心理正常和反常的情况下都可能发生。生活中的压力是暂时性失眠最常见的原因。当压力消除后，睡眠会恢复正常。如果患者担心失眠，就会加重失眠的程度。失眠对个体的生理功能及日常生活有一定影响，个体在睡眠不足时记忆力会下降，并且感到无精打采，脾气也会变坏。

（a）

（b）

图3-11　工业生产

- 补充要点 -

改善睡眠质量小技巧

1. 睡前散步。晚饭后睡觉前，适宜到户外进行散步，呼吸新鲜空气，帮助体内消化，减小睡觉后身体器官的负担，通过简单的体力运动给自己一个安静的睡眠。

2. 睡前梳头发。头部有很多的穴位，睡前梳头发可以按摩头部、刺激头部穴位、促进血液循环、消除脑疲劳，让大脑快速进入梦乡。

3. 睡前做眼睛保健操。眼睛疲劳会影响入睡速度，减弱睡眠质量，所以睡前做眼部按摩或者眼保健操可以使眼球放松，帮助快速入睡。

4. 睡前热水泡脚。睡觉前用热水泡脚，可以缓解脚部疲劳、促进脚底血液循环、使人安心入睡。

5. 平静的心态。不激动不胡思乱想，保持心平气和的心态，心态好自然休息得好。

6. 适宜的睡眠环境。睡觉前要营造一个良好的睡眠环境，不开灯睡觉、将室内温度控制在15~20℃之间、无噪音污染、睡前室内通风保证一晚的空气质量等，睡眠环境是保证睡眠质量的关键因素。

3. 梦

梦是睡眠中最生动有趣、又有些不可思议的环节。一些跳跃性的、栩栩如生的场景在梦中出现，实在是一种奇特的经历。长期以来，对梦的功能的解释一直存在着分歧。

（1）精神分析的观点

精神分析学家西格蒙德·弗洛伊德和卡尔·古斯塔夫·荣格等人研究认为，梦是潜意识过程的显现，是通向潜意识最可靠的途径。或者说，梦是被压抑的潜意识冲动或愿望以改变的形式出现在意识中，这些冲动和愿望主要是人的性本能和攻击本能的反映。在清醒状态下，由于这些冲动和愿望不被社会伦理道德所接受，因而受到压抑和控制，无法出现在意识中。而在睡眠时，意识的警惕性有所放松，这些冲动和愿望就会在梦中以改头换面的形式表达出来。在弗洛伊德看来，通过分析精神病人的梦，可以得到一些重要的线索，以帮助发现病人的问题。这种看法颇有吸引力，但缺乏可靠的科学依据（图3-12、图3-13）。

（2）生理学的观点

1988年，霍布森（Hobson）认为，梦的本质是我们对脑的随机神经活动的主观体验。一定数量的刺激对维持脑与神经系统的正常功能是必要的。在睡眠时，由于刺激减少，神经系统会产生一些随机活动。梦则是我们的认知系统试图对这些随机活动进行的解释并赋予一定意义。

图3-12 弗洛伊德

图3-13 荣格

（3）认知观点

有人认为梦担负着一定的认知功能。在睡眠中，认知系统依然对存储的知识进行检索、排序、整合、巩固等，这些活动的一部分会进入意识，成为梦境。1985年，福克斯（Foulkes）认为，梦的功能是将个体的知觉和行为经验进行重新编码和整合，使之转化为符号化的、可意识到的知识。这种整合可以将新、旧记忆联系起来。认知观点为研究梦的功能提供了一个框架。相关的研究表明，对快速眼动睡眠的剥夺会导致对事件记忆力的下降，特别是那些带有情感色彩的事件。由于绝大多数的梦都发生在快速眼动睡眠阶段，因而这些发现在某种程度上支持了梦具有认知功能的主张。

（a）

（b）

图3-14　动画设计

图3-15　商业品牌设计

近些年来，对梦的研究技术得到了提高，研究者可以借助一些仪器，如利用夜晚帽（night cap）对梦进行研究。夜晚帽是一种“帽形”仪器，由一些传感换能器和一个微处理器构成，加上一个安装在小盒子（120mm×70mm×20mm）中的记忆器，能够记录个体在梦中的脑电变化及眼动情况。通过夜晚帽，可以在家庭情境的正常睡眠中灵活方便地收集数据，再将这些数据和个体的主观报告结合起来，可以大大加深对梦的理解。

4. 白日梦与幻想

每个人都有精力不集中、思想开小差的时候。例如，上课时，你根本就没有听到老师在讲什么，满脑子都是刚看过的武侠小说中的情节；又如，正在做数学作业时，突然走神了，想起了昨天发生的一件事，随之思绪万千，沉浸于想象之中。这种现象通常称为白日梦（Daydream），程度较严重时，称为幻想（Fantasy）。研究表明，每个人都有过白日梦的经历。

在很大程度上，白日梦是基于个体的记忆或想象的内容自发产生的。既然记忆主要依赖于我们过去的经历，因此人经历过的事件对白日梦的内容有重要影响。研究表明，电视对儿童的白日梦有影响，儿童看电视节目越多，做白日梦的频率就越高（图3-14）。

设计意识不是一种纯粹的思维模式，也不是简单的左脑加右脑的思维习惯，更不是一套生产出产品的方法，它应该是面对问题或者需求时的一种心理，是一种帮我们找出应对方法的动力。它是人类千百年来在无畏探索过程中形成的观念。

在如今的商业社会，随着竞争的加剧，商业设计师更应该懂得商业战争的游戏规则——品牌战。具备品牌素养和品牌战略的眼光是中国未来设计师必不可缺的素质（图3-15）。当然设计意识不仅仅只是设计师该具备的素养，在日常生活中，我们每个人无时无刻不在设计，小到安排作息，大到规划人生（图3-16）。在21世纪，没有设计意识会让我们更加迷茫，会让我们缺乏竞争力，小到个人大到整个国家都需要这种设计意识，设计意识存在于生活的方方面面。近几年不少高校学生对学生宿舍进行改造设计，丰富自己的校园生活的同时也增强了动手动脑能力（图3-17）。

图3-16　手机支架设计

图3-17　环境改造设计

广义上来说，设计意识就是一种要在未来的社会中更合理化地生活下去的生存意识。处理好自己与自己、自己与他人、自己与社会之间的关系，这就是设计意识。设计意识帮你认识自己在宇宙和社会中的位置，更好地安排自己，寻求在设计时应该具备的意识。设计满足人类需求，设计帮助我们认识世界，帮助我们体验这个世界。设计意识应该是一种人类在未来社会的生存意识。21世纪是数字时代、是信息时代，是知识经济、是体验经济，我们要具备设计意识，而这个设计意识需要培养，设计的训练离不开艺术审美，所以设计意识的培养离不开艺术审美的培养，美在其中的功能就是自我的发现。狭义上，设计师应该是人类学家，设计师应该初步掌握哲学、心理学、历史学、生物学、人类学、社会学、艺术学、市场营销学等全方位的知识。作为设计师，设计意识应该包含设计原理原则、设计思维创意、设计管理组织、设计方法技巧等多方面的知识。

生活中，我们看一个设计好与不好，最关键的有两点：是不是好用？是不是好看？而前者往往显得更为重要。一个好用的设计，可以帮助用户解决许许多多的问题，带来诸多便利，由此节省了无数的时间、金钱、精力。一个好用的设计，往往被理解为实用（Efficient）和好用（Convenient）。前者可以称它为功能强大、科技领先的设计，给人们提供直观的使用感受；后者则往往被称作人性化的设计。不管给予什么名称，它确实为产品提供了感官感受。当两种感觉融合，使用者由此得出好用或者不好用的结论。于是，设计师们夜以继日地研究发明好用的设计，工程师们马不停蹄地改进工艺流程，让我们的生活变得越来越轻松和便捷（图3-18、图3-19）。

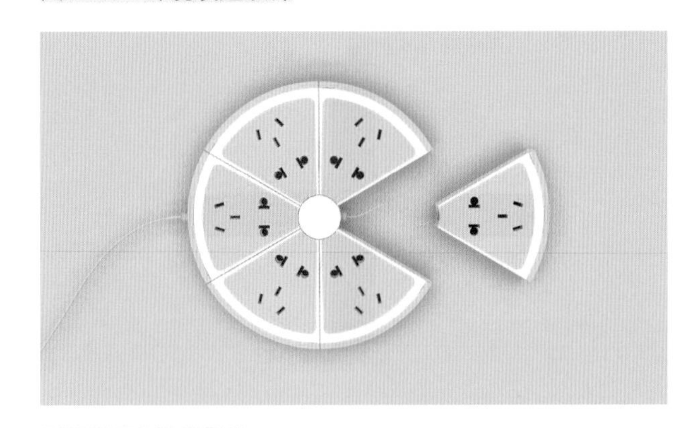
图3-18　实用设计

图3-19　好用设计

第二节　设计思维的概念与特征

设计思维作为一种思维的方式，被普遍认为具有综合处理能力的性质，能够认知问题产生的背景，能够催生洞察力及解决方法，能够理性地分析问题并找出最合适的解决方案。在当今艺术设计和工程技术设计以及商业活动和设计管理等方面，设计思维已成为流行趋势的一部分，它还可以更广泛地应用于描述某种独特的“在行动中进行创意思考”的方式，在21世纪的教育及训导领域中有着越来越大的影响（图3-20～图3-23）。在这方面，它类似于系统思维，因其独特的理解和解决问题的方式而得到命名。在设计师和其他专业人士中有一种潮流，他们希望通过在高等教育中引入设计思维的教学，唤起对设计思维的意识。其假设是，通过了解设计师们所用的构思方法和过程，理解设计师们处理问题和解决问题的角度，个人和企业都将能更好地连接并激发他们的构思过程，从而达到一个更高的创新水平。期望在当今的全球经济中创建出一种竞争优势。

在日常生活中，我们每时每刻都离不开设计思维。我们用它学习知识、解决问题；用它辨别真伪、识别美丑；用它探索新知，创造未来。由于思维的重要性，多少年来，心理学家对人类智慧上的这颗明珠进行了长期不懈的研究。这些研究为揭示思维活动的奥秘留下了非常宝贵的资料。例如，一位客户拜访一家设计装饰公司，在此之前他可能已经看过这家公司所设计的样板间，客户可能会要求在设计风格上做出修改，按照他的需求设计，那么设计师就要进行设计构思、同时根据客户的需求在原有的设计框架基础上，创造出一个新的设计方案（图3-24、图3-25）。

图3-20　艺术设计

图3-21　工程技术设计

图3-22　商业活动设计

图3-23　管理设计

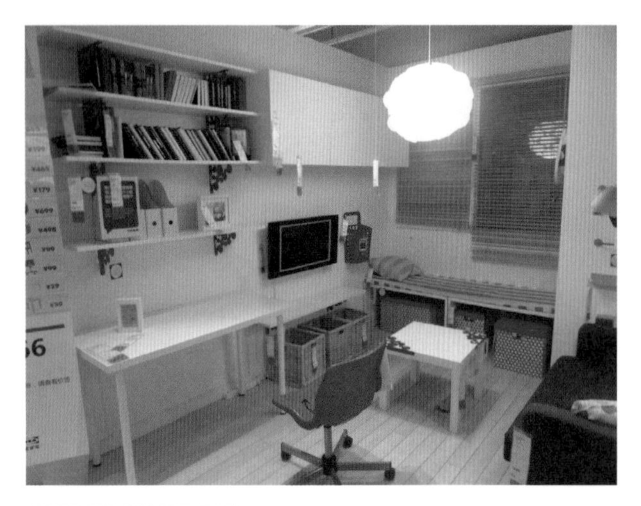

图3-24　样板间设计

图3-25　设计效果图

一、设计思维的特征

设计思维最初是人脑借助语言对客观事物的概括和间接的反应过程。以感知为基础又超越感知的界限，它能揭示事物的本质特征和内部联系，并主要表现在概念形成和问题解决的活动中。思维不同于感觉、知觉和记忆。感觉、知觉是直接接受外界的刺激输入，并对输入的信息进行初级的加工。记忆是对输入的刺激进行编码、存储、提取的过程。而思维则是对输入的刺激进行更深层次的加工。它揭示事物之间的关系，形成概念，并利用概念进行判断、推理，解决人们面临的各种问题。但思维又离不开感觉、知觉、记忆活动所提供的信息。只有在大量感性信息的基础上，在记忆的作用下，人们才能进行推理，做出种种假设，并检验这些假设，进而揭示感觉、知觉、记忆所不能揭示的事物的内在联系和规律。

1. 概括性

思维的概括性是指在大量感性材料的基础上，把一类事物共同的特征和规律抽取出来，加以概括。例如，我们认为“凡正常运行的计算机都有中央处理器”，这种思维就概括了“正常运行的计算机”这一事物的共同特征。概括在人们的思维活动中有着重要的作用，它使人们的认识活动摆脱了具体事物的局限性和对事物的直接依赖，这不仅扩大了人们认识的范围，也加深了人们对事物的了解。所以概括水平在一定的程度上表现了思维的水平。另外，概括是人们形成概念的前提，也是思维活动能迅速进行迁移的基础。概括是随人们认识水平的深入而不断发展的。人们的认识水平越高，对事物的概括水平也就越高。

2. 间接性

设计思维的间接性是指人们借助一定的媒介和知识对客观事物进行间接的认识。例如，人类还没有真正搞清宇宙形成的奥秘，但人们可以根据宇宙中存在的种种现象以及相关的知识经验来推测它的形成。同样，人们不知道某些疾病与遗传基因的关系，但人们可以根据实验来认识它们之间的关系。由此可见，由于思维的间接性，人们才可能超越感知觉提供的信息，认识那些没有直接作用于人感官的事物和属性，从而揭示事物的本质和规律。从这个意义上讲，思维认识的领域要比感知觉认识的领域更广阔、更深刻。

二、设计思维的种类

1. 直观设计思维

直观设计思维又称实践思维，它们面临的思维任务具有直观的形式，解决问题的方式依赖于实际的动作。例如，自行车出了毛病，不能骑了，问题在哪里？人们必须通过对自行车的相应部件进行检查，才能确定自行车出故障的部位，找出故障进行排除。这种通过实际操作解决直观具体问题的思维活动，就是直观动作思维。三岁之前的小孩子只能在动作中思考，他们的思维基本上属于直观动作思维。幼儿将玩具拆开，又重新组合起来。动作停止，他们的思维也就停止了。成人有时也要运用表象和动作进行思维，

图3-26　实践思维

图3-27　直观动作

但成人的直观动作思维要比幼儿的直观动作思维水平高（图3-26、图3-27）。

2. 形象设计思维

它是指人们利用头脑中的具体形象或表象来解决问题。例如，我们在设计某个产品时，首先会在大脑中形成一定的框架，然后再进行构思、构图。形象设计思维在解决问题中有重要的意义。艺术家、作家、导演、设计师等更多地运用形象设计思维进行思考（图3-28）。

3. 逻辑设计思维

当人们面对理论性质的任务，并要运用概念、理论知识来解决问题时，这种思维称为逻辑思维。例如，学生学习各种科学知识或科学工作者进行某种推理、判断都要运用这种思维。它是人类思维的典型形式。

4. 发散设计思维

设计发散思维（Divergent Thinking）是人们沿着不同的方向思考，重新组织当前的信息和记忆系统中存储的信息，产生出大量、独特的新思想。例如，人类如何保护城市的生态环境？回答这样的问题人们可以从不同的方向思考，如增加土地植被、减少环境污染、传播爱护环境知识等措施。这种思维方式在解决问题时，可以产生多种答案、结论或假说。但究竟哪种答案最好，则需要经过检验。

（a）构思

（b）构图

（c）产品图

图3-28　设计思维

5. 常规思维与创造思维

常规思维是指人们运用已获得的知识经验，按现成的方案和程序直接解决问题。如学生运用已学会的公式解决同一类型的问题。这种思维的创造性水平低，对原有的知识不需要进行明显的改组，也没有创造出新的思维成果，因而称之为常规思维或再造性思维。

创造性思维是重新组织已有的知识经验，提出新的方案或程序，并创造出新的思维成果的思维活动。例如，新的大型工程的设计与开发、新的科学理论的提出都需要创造性的思维。创造性思维是人类思维的高级形式。许多心理学家认为，创造性思维是多种思维的综合表现。它既是发散思维与辐合思维的结合，也是直觉思维与分析思维的结合，它既包括理论思维，又离不开创造想象。

第三节　意识形态与设计思维

一、意识的形态

注意（Attention）是和意识紧密相关的一个概念，但又不同于意识。简单地说，注意是心理活动或意识对一定对象的指向与集中。注意有两个特点，指向性与集中性。注意的指向性是指人在每一瞬间，其心理活动或意识选择了某个对象，而忽略了另一些对象。因此，注意的指向性是指心理活动或意识在哪个方向上进行活动，指向性不同，人们从外界接受的信息也不同（图3-29）。

图3-29　日常意识行为

当心理活动或意识指向某个对象的时候，它们会在这个对象上集中起来，即全神贯注起来。这就是注意的集中性。例如，医生在做复杂的外科手术时，他的注意高度集中在病人的病患部位和自己的手术动作上，与手术无关的其他人和物，便排除在他的意识中心之外。如果说集中性就是指心理活动或意识在一定方向上活动的强度或紧张度，那么，注意的指向性是指心理活动或意识朝向哪个对象。心理活动或意识的强度越大，紧张度越高，注意也就越集中。人在高度集中自己的注意时，注意指向的范围就随之缩小。这时候，他对自己周围的一切就可能“视而不见，听而不闻”了。从这个意义上说，注意的指向性和集中性是密不可分的。

例如，一个人在电影院看电影，他的心理活动或意识选择了荧幕上演员的台词、动作、表情、服饰，而忽略了剧场里的观众。他对前者看得清、记得牢，而对后者只能留下非常模糊的印象，甚至看完了电影，还不知其邻座的观众是一个什么样的人。

1. 注意和意识

注意和意识密不可分。当人们处于注意状态时，意识内容比较清晰。人从睡眠到觉醒、再到注意，其意识状态分别处在不同的水平上。睡眠是一种无意识的状态，人在睡眠时意识不到自己的活动或外部的刺激，或不能清晰地意识到。从睡眠进入觉醒以后，人开始能意识到外部的刺激和自己的活动，并且能有意识地调节自己的行为。但是，即使人在觉醒状态下，也不能意识到所有的外部刺激、事件和自己的行为，而只能意识到其中的一部分。人的注意所指向的内容，一般处于意识活动的中心。因此，对于注意指向的内容，人的意识比较清晰和紧张。

一般说来，注意是一种心理活动或“心理动作”，而意识主要是一种心理内容或体验。假如把人脑比喻为一台电视机，注意就是对电视节目进行选择的过程，而意识则是出现在电视屏幕上的内容。注意提供了这样一种机制，决定什么东西可以成为意识的内容，而什么东西不可以。与意识相比，注意更为主动和易于控制（Baars，1997）。在人们将注意集中于特定事物或活动，或将一定事物“推”入到意识中心时，通常包含了无意识的过程。人们可以有意识地选择所要注意的活动或对象，但在很多情况下，这种选择并不是有意识的，而是由刺激和事件本身引起的，是一个无意识过程。

2. 注意的功能

注意的基本功能是对信息进行选择。周围环境给人们提供了大量的刺激，这些刺激有的对人很重要，有的对人不那么重要，有的则毫无意义，甚至会干扰当前正在进行的活动。人要正常地生活与工作，就必须选择重要的信息，排除无关刺激的干扰，这是注意的基本功能。注意对信息的选择受许多因素的影响，如刺激物的物理特性或人的需要、兴趣、情感以及过去的知识经验等。

负启动（Negative Priming）现象揭示了注意在认知活动中的复杂作用。研究负启动通常采用如下方法，首先给被测试者呈现两个不同颜色的字母（启动刺激），要求被测试者识别其中一个字母（目标字母），而忽略另外一个字母（忽略字母）。紧接着呈现探测刺激，也是两个不同颜色的字母。在目标重复启动条件中，启动刺激中的目标字母与探测刺激中的目标字母是一致的；在忽略重复条件中，启动刺激中的忽略字母与探测刺激中的目标字母是一致的；在控制条件中，启动刺激与探测刺激没有任何关系。研究表明，在目标重复条件下识别探测刺激的目标字母比在控制条件下的字母要快，而在忽略重复条件下，识别目标字母则比识别控制条件下的字母要慢（Millikenetal，1997）。前者是启动效应，后者是负启动效应。

对负启动效应的一般解释是，在对启动刺激进行加工时，注意在对目标字母进行选择和识别的同时，抑制了对忽略字母的激活（Neill，1977；Tipper，1985）。不过也有人认为，负启动效应的原因是当探测刺激中的目标字母在启动刺激中未被注意时，二者在呈现时间上的区别性降低，因此使被试产生混淆，从而影响对该目标字母的识别（Millikenetal，1997）。

注意不仅是个体进行信息加工和各种认知活动的重要条件，也是个体完成各种行为的重要条件。在注意状态下人们才能有效地监控自己的动作和行为，从而达到预定目的，避免失误，顺利完成相应的工作任务。

总之，注意保证了人对事物更清新的认识、更准确的反应和进行更可控有序的行为。这是人们获得知识、掌握技能、完成各种智力操作和实际工作任务的重要心理条件。注意对设计师来说显得尤为重要，设计色彩的配色方案千变万化。当人们用眼睛观察自身所处的环境时，色彩首先闯入人们的视线，产生各种各样的视觉效果，带给人不同的视觉体会，直接影响着人的美感认知、情绪波动乃至生活状态、工作效率（图3-30、图3-31）。

图3-30 色彩

- 补充要点 -

启动效应与负启动效应

启动效应（Priming Effect）是指由于之前受某一刺激的影响而使得之后对同一刺激的提取和加工变得容易的心理现象。有研究者认为，这是内隐记忆的体现。

负启动效应的原因是当探测刺激中的目标字母在启动刺激中未被注意时，二者在呈现时间上的区别性降低，因此使被试产生混淆，从而影响其对该字母的识别。一种条件下，当前刺激颜色与先前刺激词并不匹配；但是，另一种条件下，二者是匹配的。例如，先向被试呈现用红色墨水印刷的Green（绿），紧接着再向被试呈现用绿色墨水印刷的Blue（蓝）。Neill要求被试说出Stroop刺激的颜色。他发现，在后一种条件的实验中，被试的颜色命名完成得特别困难。Neill认为一定是起干扰作用的Stroop刺激词（如GREEN一词）受到了抑制。其逻辑是，如果被抑制的词后来变得与任务有关，例如后来的刺激是用绿色墨水印刷的，那么，被试对后来的刺激的颜色命名要相对困难。Tipper将上面这种现象命名为负启动。负启动效应作为一种实验技术，在选择性注意的研究中得到广泛应用。

3. 注意的认知理论

20世纪60年代以来，心理学家对注意的选择功能进行了大量的研究，提出了一系列理论模型。这些理论解释了注意的选择作用的实质，以及人脑对信息的选择究竟发生在信息加工的哪个阶段上。

（1）过滤器理论

1958年，英国心理学家布罗德本特（Broadbent）根据双耳分听的一系列实验结果，提出了解释注意的选择作用的一种理论：过滤器理论（Filter Theory）。布罗德本特认为：神经系统在加工信息的容量方面是有限度的，不可能对所有的感觉刺激进行加工。当信息通过各种感觉通道进入神经系统时，要先经过一个过滤机制。只有一部分信息可以通过这个机制，并接受进一步的加工；而其他的信息则被阻断在它的外面，完全丧失了。布罗德本特把这种过滤机制比喻为一个狭长的瓶口，当人们往瓶内灌水时，一部分水通过瓶颈进入瓶内，而另一部分水由于瓶颈狭小，通道容量有限，而留在瓶外了。这种理论有时也叫瓶颈理论或单通道理论（图3–32）。

（2）衰减理论

基于日常生活观察和实验研究的结果，特瑞斯曼（Treisman）于1964年提出了衰减理论（Attenuation Theory）。衰减理论主张，当信息通过过滤装置时，不被注意或非追随的信息只是在强度上减弱了，而不是完全消失。特瑞斯曼指出，不同刺激的激活界限是不同的。有些刺激对人有重要意义，如自己的名字、

图3–31　色彩设计

图3–32　瓶颈理论

图3-33　警车

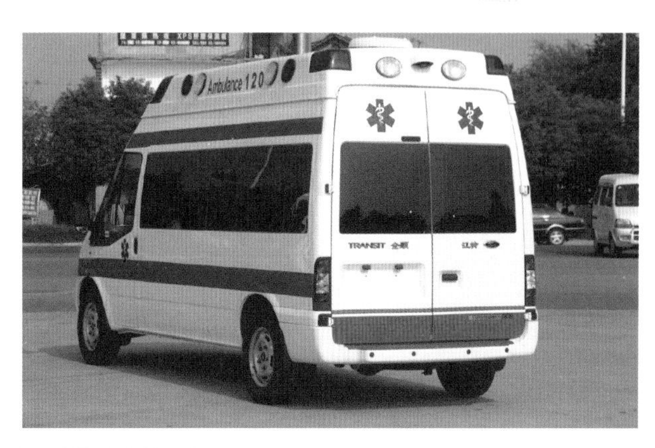

图3-34　救护车

警车信号灯、救护车信号等，它们的激活界限低，容易被激活（图3-33、图3-34）。当它们出现在非追随的通道时，容易被人们所接受。特瑞斯曼的理论与布罗德本特的理论对过滤装置的具体作用有不同的看法，但两种理论又有共同的地方。两种理论有相同的出发点，即主张人的信息加工系统的容量有限，因此，对外来的信息必须经过过滤或衰减装置加以调节；两种理论都假定信息的选择发生在对信息的充分加工之前。只有经过选择以后的信息，才能受到进一步的加工、处理。

二、注意的神经机制

注意和其他心理现象一样，是由神经系统不同层次、不同脑区的协同活动来完成的。19世纪中叶以来，生理学家和心理学家们进行过多方面的研究，试图揭示注意活动的复杂的神经机制。

朝向反射（Orientating Reflex）是由情境的新异性引起的一种复杂而又特殊的反射。它是注意最初级的生理机制。20世纪初，在巴甫洛夫的实验室里曾经发生过这样一件事：巴甫洛夫的一位助手用狗做实验，使狗形成了对声音的食物性条件反射。事后，请巴甫洛夫去实验室参观。令人奇怪的是，每当巴甫洛夫在场的时候，实验就不成功，实验动物已经建立的条件反射明显地被抑制了。经过仔细分析，巴甫洛夫认为，由于他在场，狗对新的刺激物（陌生人）产生了一种特殊形式的反射现象，因而对已建立的条件反射产生了抑制作用。巴甫洛夫把这种特殊的反射叫朝向反射。这是人和动物共同具有的一种反射（图3-35）。

朝向反射是由新异刺激物引起的。刺激物一旦失去新异性，或者这种刺激被习惯之后，朝向反射也就不会发生了。朝向反射又是一种非常复杂的反射，它包括身体的一系列变化，如动物把感官朝向刺激物；正在进行的活动受到压抑；四肢血管收缩，头部血管舒张；心率变缓；出现缓慢的探呼吸；瞳孔扩散；脑电出现失同步现象等。在朝向反射时出现的一系列身体变化，有助于提高动物感官的感受性，并能动员全身的能量资源以应付个体面临的活动任务，如趋向活动的目标、逃离威胁个体生存的情境等。朝向反射的这种特殊作用，使它在人类和动物的生活中具有巨大的生物学意义（表3-1）。

表3-1　朝向反射与身体部位变化

身体部位	表现
呼吸	呼吸短暂停止，出现短暂的深呼吸
瞳孔	瞳孔扩散
脑电（EEG）	皮层失同步的觉醒模式
血管变化	四肢血管收缩，头部血管舒张
心率	通常变缓慢
皮肤电活动	出现皮肤电反应

- 补充要点 -

伊凡·彼德罗维奇·巴甫洛夫

巴甫洛夫是苏联生理学家、心理学家、医师、高级神经活动学说的创始人、高级神经活动生理学的奠基人、条件反射理论的建构者，也是传统心理学领域之外而对心理学发展影响最大的人物之一，1904年荣获诺贝尔生理学奖，是第一位在生理学领域获诺贝尔奖的科学家。

图3-35 巴甫洛夫

三、思维的表象与想象

人们在思维过程中，经常伴有感性的直观现象（表象），这种直观的形象是思维活动的感性支柱，它有助于思维活动的顺利进行，更好地将设计思维通过实物来展现出来（图3-36）。

1. 思维的表象

表象（Image）是事物不在面前时，人们在头脑中自然出现的关于事物的形象。从信息加工的角度来讲，表象是指当前不存在的物体或事件的一种知识表征，这种表征具有鲜明的形象性。从表象产生的主要感觉通道来划分，可分为视觉表象（如想起母亲的笑脸）、听觉表象（如想起吉他的声音）、运动表象（如想起舞蹈的动作）等（图3-37、图3-38）。根据表象创造程度的不同，表象可分为记忆表象和想象表象。记忆表象是在记忆中保持的客观事物的形象，如想起朋友的音容笑貌。想象表象是在头脑中对记忆形象进行加工改组后形成的新形象，这些形象可能从未经历过，或者世界上还不存在，因而具有新颖性。

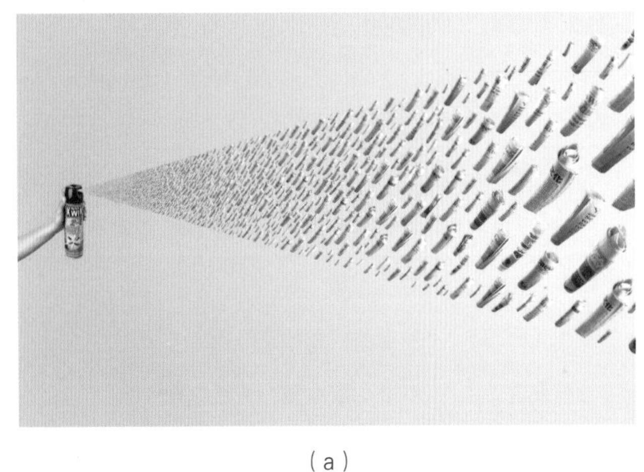

（a）

（b）

图3-36 思维设计

图3-37　听觉表象

图3-38　运动表象

图3-39　遗觉象

图3-40　植物表象

（1）直观性

表象是以生动具体的形象在头脑中出现的。人头脑中产生某种事物的表象，就好像直接看到或者听到这种事物的某些特征一样。例如，有人研究发现，在儿童中可能发生一种“遗觉象”（Eidetic Image）。给儿童呈现一张内容复杂的图片，30秒后把图片移开，让其看灰色的屏幕，这时他会看见同样一张清晰的图片。儿童还能根据当时产生的表象准确地描述图片中的细节，就好像图片还在眼前一样（图3-39）。

表象是在知觉的基础上产生的，因此表象和知觉中的形象具有相似性，但是表象和知觉的形象又有所不同。知觉的形象鲜明生动，表象的形象却比较暗淡模糊；知觉的形象持久稳定，表象的形象不稳定、易变动；知觉的形象完整，表象的形象不完整，时而出现这一部分，时而出现另一部分，甚至有些部分脱落。例如，一棵树的表象不如树的知觉形象鲜明，它的形状、颜色和大小都不很清楚，而且表象的浮现常常不很完整，我们一会儿想到树干、一会儿想到树枝等（图3-40）。

（2）概括性

表象是人们多次知觉的结果，它不表征事物的个别特征，而是表征事物的大体轮廓和主要特征，因此表象具有抽象性。例如，“大象”的表象，可能只是长鼻子、大耳朵、深灰色的毛皮、庞大的身体等主要外部特征。这些特征代表了“大象”的一般的、概括的形象，而不包含大象的某些个别特征。可见，表象是关于某个事物或某类事物的概括形象。

（3）可操作性

由于表象是知觉的类似物，因此人们可以在头脑中对表象进行操作，这种操作就像人们通过外部动作控制和操作客观事物一样。

- 补充要点 -

遗觉象

在刺激停止作用后，脑中继续保持的异常清晰、鲜明的表象。它是表象的一种特殊形式，以鲜明、生动性为特征，多见于儿童。研究表明，8%的儿童有遗觉象，并且在11～12岁时最明显，很少能继续保持到成年期。除视觉遗觉象外，还有听觉遗觉象、嗅觉遗觉象、触觉遗觉象等。

2. 表象在思维中的作用

表象为概念的形成提供了感性基础，并有利于对事物进行概括的认识。表象是认知过程的一个重要环节，它既有直观性，又有概括性。从直观性看，它接近于知觉；从概括性来看，它接近于思维。表象离开了具体的事物，摆脱了感知觉的局限性，因而为概念的形成奠定了感性的基础。例如，对“动物”这个概念，孩子们常常用猫、狗、鸡、鸭等具体形象来说明。另外，表象的形成还有利于对事物进行概括。例如，在一项研究中，要求应届毕业生交出一份满意的毕业设计作品。每六个学生作为一组，选择同样的小区户型、不同的设计风格和题材，并派代表作设计说明，然后进行概括。结果表明，经过长时间构思的小组成绩最好；其次是做过规划设计的小组；最后是直接上手设计的小组，这说明设计在头脑中形成的表象有利于设计思维的发展（图3-41）。

四、创意思维设计

创意思维是人们在认识事物的过程中，运用自己所掌握的知识和经验，通过分析、综合、比较、抽象，再加上合理的想象而产生新思想、新观点的思维方式。就创意思维的本质而言，创意思维是综合运用形象思维和抽象思维并在此过程或成果中突破常规有所创新的思维。创意思维的核心理念在于通过科学的思维方式，全方位地提高思维能力，更完美而有效地创造客观世界（图3-42）。创意是所有“创新活动”的起点、动力、源泉和目的。创意就是独一无二、是思维的闪光点。我们不要被现行的条条框框所限制，而要将各项规则、技法当作创意的参考。作为设计师，创意无比重要。创意思维是探究客观元素有效组合方式的

（a）

（b）

图3-41　思维表象设计

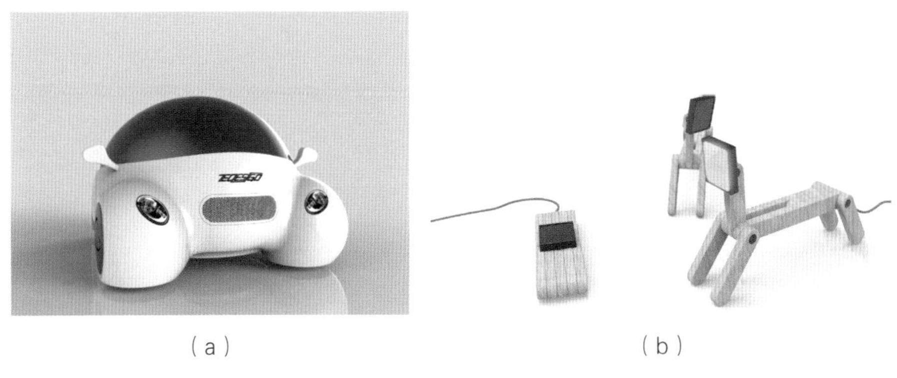

（a）　　（b）

图3-42　创意思维设计

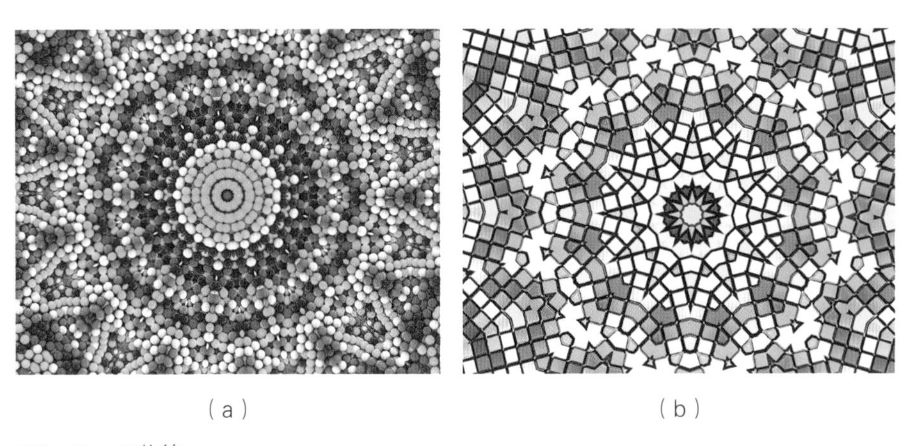

（a）　　（b）

图3-43　万花筒

思考过程，以万花筒为例，将其转动后，筒里的玻璃片可以呈现出很多图案，筒内玻璃片数越多其所呈现的图案就越多，而且不同的组合方式会带来不同的图案效果（图3-43）。

1. 创意设计

创意的过程就是不断求索设问的过程，设计的创意来源是生活，生活是创意最好的老师。要培养创意思维，就必须善于观察生活、思考生活、体验生活。只有深入理解生活，才能将思考转换为生产力，缔造一个又一个奇迹。创意设计是把简单的东西或想法不断延伸呈现另一种表现方式的设计，包括工业设计、建筑设计、包装设计、平面设计、服装设计、展示设计等内容（图3-44～图3-49）。创意设计除了具备基础设计的因素外，还需要融入与众不同的设计理念。

生活在自然界中，当直接依靠双手或天然工具已不能满足人类生活需求的时候，创造了人造工具。在人类最初造物的时候，设计是从模仿自然开始的。他们首先从自然获取灵感，使人造工具与自然物（尖锐的兽爪、牙，锋利的蚌壳等）相似，但具有更为有效、更为持久的功能。如今仿生设计也是如此，大自然的事物是顺手拈来的创意元素。

图3-44　工业设计

图3-45　建筑设计

图3-46　包装设计

图3-47　海报设计

图3-48　服装设计

图3-49　展示设计

设计的创意思维首先应该从事物之间的联系展开联想。为了创造性地发挥联想，设计师可以运用古希腊心理学家亚里士多德创立的联想法则。运用联想创意思维去进行创意设计，需要一种标新立异的思维结果。联想是创意设计的关键，是形成创意思维的基础，许多优秀设计的创意就在于运用这些联想法则。

例如，在超市中，消费者能够观察到众多的果汁产品的包装，这些包装都是随意地写着果汁名字、生产信息、产品介绍，最多也只有水果的图片。在现实中，消费者对这些繁杂的信息几乎完全不感兴趣，同时也感觉不到包装与果汁产品的相关性。这样的包装在功能上没有问题，但不能提升人们品尝这瓶果汁的兴趣。近几年，果汁产品在包装上一改以往的风格，采用简洁明的设计，包装容器选择玻璃瓶、透明塑料瓶等，在视觉上使消费者感受到浓郁的果汁气息，摇一摇还能看到些许果实颗粒，这样的设计让消费者产生购买欲望也更加放心（图3-50）。

2. 抽象创意设计

抽象是从众多的事物中抽取出共同的、本质性的特征，而舍弃其非本质的特征。例如苹果、香蕉、梨、葡萄、桃子等，它们共同的特性就是水果。得出水果概念的过程，就是一个抽象的过程。要抽象，就必须进行比较，没有比较就无法找到本质上共同的部分。共同特征是指那些能把一类事物与他类事物区分开来的特征，这些具有区分作用的特征又称本质特征。因此抽取事物的共同特征就是抽取事物的本质特征，舍弃非本质的特征。艺术就是以本质的东西去引起人们的共鸣和审美享受。设计是功能与审美的结合，因此设计与艺术是密不可分的。设计师要想提高作品的艺术涵养，抽象的创意思维必不可少。如荷兰风格派艺术家蒙德里安的创意思维对之后的建筑、设计等影响很大。从他的作品《树》的演变我们可以看出思维的抽象转变。

随着人们对设计的需求变大，生活中出现大量的设计产品，但是能够吸引我们的只有少量设计，往往是具有创意的设计。创意思维在创意设计中起指导作用，培养创意意识与思维已经成为每个设计师不可缺少的课程。

- 补充要点 -

仿生设计

仿生设计学，又称为设计仿生学（Design Bionics），它是在仿生学和设计学的基础上发展起来的一门新兴边缘学科，主要涉及数学、生物学、电子学、物理学、控制论、信息论、人机学、心理学、材料科学、机械学、动力学、工程学、经济学、色彩学、美学、传播学、伦理学等相关学科。仿生设计学研究范围非常广泛，研究内容丰富多彩，特别是由于仿生学和设计学涉及自然科学和社会科学的许多学科，因此也就很难对仿生设计学的研究内容进行划分。

仿生设计主要是运用工业设计的艺术与科学相结合的思维与方法，从人性化的角度，不仅在物质上，更是在精神上追求传统与现代、自然与人类、艺术与技术、主观与客观、个体与大众等多元化的设计融合与创新，体现辩证、唯物的共生美学观。仿生设计是模仿生物的特殊本领，利用生物的结构和功能原理来设计产品机械的设计方式。设计师运用其观察、思维、设计能力对生物进行模仿设计（图3-51）。

（a）

（b）

图3-50　产品包装

（a）

（b）

图3-51　仿生设计

- 补充要点 -

四大联想律

四大联想律分为相似律、接近律、对比律和不可分律，统称四大联想律。其中，前三者又统称为三大联想律。联想指由当前感知的事物回忆起有关的另一事物，或由想起的一种事物的经验，又想起另一事物的经验这一心理过程。相似联想是由事物与设计在形式上或在性质上存在相同或相近之处，并借助其相似性而进行的联想；对比联想是由一事物想起与之相反的另一事物，在比较中体现各自的特性；相关联想，是一事物与另一事物在特性上比较接近，但不相似，更不相同，利用其相接近的特性而进行的联想。

在广告设计中常用联想来引起消费者的关注，帮助他们记忆，在消费者头脑中延长对广告的反映时间，并影响其情绪与行为。联想可以分为简单联想和复杂联想（图3-52）。

（a）

（b）

图3-52　联想设计

课后练习

1. 什么是意识，在生活中有哪些不经意的意识?
2. 意识的状态有哪些?
3. 什么是无意识，无意识会出现在生活中的哪些状态下?
4. 设计思维对设计师有什么重要作用?
5. 设计思维呈现出哪些特征?
6. 创意思维与创新思维两者之间的异同点是什么?
7. 设计师的创意思维体现在哪些地方，又是如何表现出来的?
8. 设计意识与思维互相关联而又各有所长，请简述两者之间的关系。
9. 浅谈设计意识与设计思维对一个设计师的重要性。
10. 生活中有哪些抽象设计，请做简单的赏析说明。

第四章

设计语言的概念

PPT课件，请在计算机里阅读

学习难度：★★★☆☆
重点概念：语言概念、作用、语言设计

章节导读

语言是人们思想交流的媒介，是人与人之间进行沟通、表达情感的主要方式，不同的民族有不同的语言文化，在特定的环境中，语言扮演着不同的角色，每个工作都有自己的行业语言文化。设计类行业也不例外，语言丰富了我们的知识，开阔了我们的眼界（图4-1）。

图4-1　书写语言

第一节　设计语言的产生

语言（Language）是一种社会现象，是人类通过高度结构化的声音组合，或通过书写符号、手势等构成的一种符号系统，同时又是一种运用这种符号系统进行思想交流的行为。语言的基本结构材料是词。词是一种符号，它标志着一定的事物。词按一定的语法规则结合在一起，构成短语和句子，语言能使我们相互交流思想、抒发情感；能使我们更好地保存和学习前人积累起来的社会历史经验；能使我们分享丰富多彩的人类文化科学知识，进而创造出前所未有的事物。语言为人类提供了最重要、最有效的交际工具。

语言是思维工具和交际工具，它同思维有密切的联系，是思维的载体和物质外壳以及表现形式。语言是指令系统，是以声音符号为物质外壳，以语义内涵为意义内容，是指令、含义结合的词汇建筑材料和语法组织规律的体系。语言是一种社会现象，是人类最重要的交际工具，是进行思维逻辑运用和信息交互传递的工具，是体现人类认知成果的载体。语言具有稳固性和民族性。

一、语言的特征

1. 创造性

现代语言学的奠基人、德国著名语言学家威廉·冯洪堡特率先揭示了语言的创造性，他认为："语言就其真实的本质来看，是某种持续的、每时每刻都在向前发展的东西"。语言的创造性表现在人们使用有限数量的词语进行组合，便能产生或理解无限数量的语句，这些语句有可能是以前从未说过或听到过的。语言的创造性说明，儿童学习语言单靠模仿他人的语言是无法实现的，因为任何语言所能产生的语句在数量上是无限的，而一个人在他有生之年只能接触到数量有限的语句。语言能力是人类特有的一种能力，尽管经过训练，猩猩等灵长类动物也能够应用某些符号来表达一定的意义，但是，它们根本无法根据一定的情景，创造性地使用语言符号系统。设计语言在语言的基础上进行创新发展，一个好的产品设计总要通过一定的语言沟通呈现在消费者的面前，语言在特定的环境中，为了生活的需要而不断创新（图4-2）。

2. 结构性

任何语言符号都不是离散、孤立地存在的，而是一个有结构的整体。如果一个人只有一些零散的词汇，他就无法和别人进行有效的语言交流。语言受到一定规则的约束，只有符合一定规则的语言，才是人们在交际时可以接受的语言。例如，汉语中的"我吃饭"符合汉语语法，能表达一个确定的意义，而"我饭吃""吃饭我"则不符合汉语语法，因而成为一种没有意义的词汇组合。但在日语中，"我饭吃"是符合语法规则的，因而能传达一定意义。可见，不同语言的具体结构规则是不同的。

3. 意义性

语言中的一个词或一句话，都有一定的含义，这种意义性使得人们能够相互理解、相互交流。不能传达任何意义的语言都不是正常的语言。有一种失语病人，说话很流畅，但说出来的话没有任何意义，这是因为他们的大脑语言区受了损伤。语言的意义性和语言符号的任意性是结合在一起的。语言符号与其所代表的意义之间没有必然的、逻辑的联系。汉语用"书"来表示"成本的著作"，而英语用"book"来表示，这完全是使用同一种语言的人们之间约定俗成的结果。

4. 指代性

语言的各种成分都指代一定的事物或者抽象的概念。例如，它可以指代一种客观存在的东西，如计算机、电视等，也可以指代一个动作或一种性质，如红绿或者一个抽象的概念。正是由于语言具有一定的指代性，人们才能理解抽象符号所代表的意义（图4-3）。

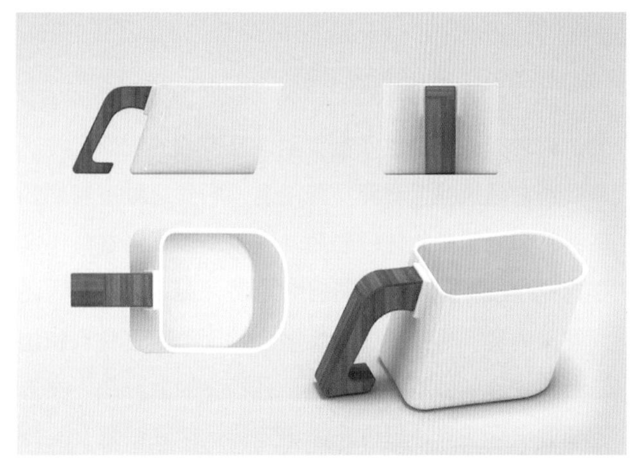

（a）

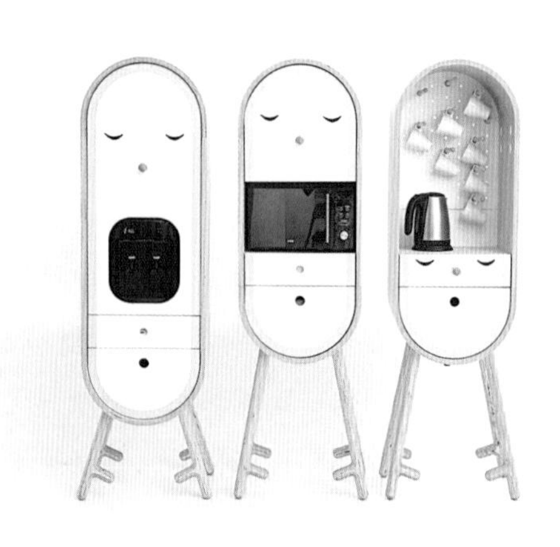

（b）

图4-2　设计

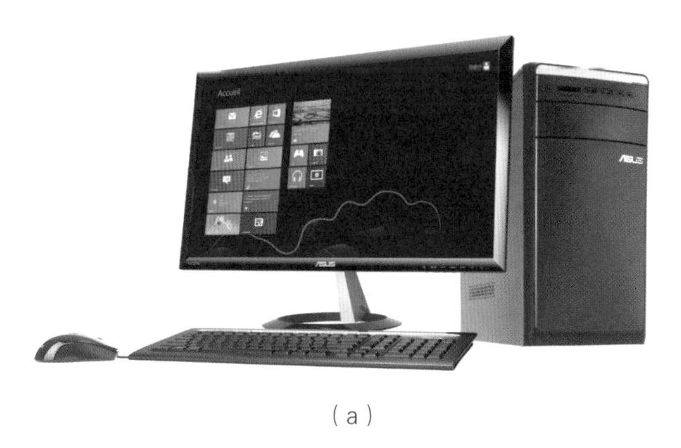

（a）

（b）

图4-3 指代性

5. 社会性与个体性

语言是个体运用语言符号进行的交际活动，所以语言具有一定的社会性。人只能使用社会上已经形成的语言，用词来表达意义也只能使用约定俗成的词。另外，语言交流发生在人与人之间，一个人说话的内容取决于他与对方谈论的话题内容，这说明语言具有社会性。语言行为同时又是一种个体的行为，它和个体生存和发展的具体条件分不开，因而具有个体的特点，例如，每个人说话的语音是不一样的，有人说话鼻音很重，有人说话很轻；有人说话慢慢吞吞，一板一眼，有人说话很急，像放连珠炮；有人感受语音的能力强，有人则较弱等。语言活动的这些差别，表现了个体心理在生理活动的一些特点。

二、设计语言的分类

设计语言活动通常分为两类，外部语言和内部语言。外部语言又包括口头语言（对话和独白语言）和书面语言。日常生活中，有人擅长口语，有人擅长书面语言，它们都具有各自不同的特点（图4-4）。

1. 内部语言

内部语言（Inner Language）是一种自问自答或不出声的语言活动。内部语言是在外部语言的基础上产生的。内部语言虽不直接用来与别人交际，但它是人们语言交际活动的组成部分。当人们计划自己的外部语言时，内部语言常常起着重要作用。因此，一方面，没有外部语言就不会有内部语言，内部语言的发展离不开外部语言的发展；另一方面，若没有内部语言的参与，人们就不能顺利地进行外部语言的活动，内部语言属于个人心理活动的情感表现。内部语言具有以下两方面的特点。

（1）隐蔽性

内部语言是一种不出声的语言，它以语音的隐蔽性为特点。当我们在头脑中考虑某种行动计划或希望调节自己的行为时，我们会自主地使用这种不出声的内部语言。在进行内部语言时，语言器官发出的信号具有重要的作用。1972年，罗曼・雅各布森（Jacobson）的实验表明，把电极放置在被试的下唇或舌头上，记录在完成不同任务时的动作电位。结果发现，在出声数数或完成简单应用题时，用电极记录到的动作电位的节律，与在内心默默地完成这些任务时的记录结果是相同的。可见，内部语言本质上是一种语言活动，它需要语言器官的参与，只是语言活动的外部标志——语音不显著而已。

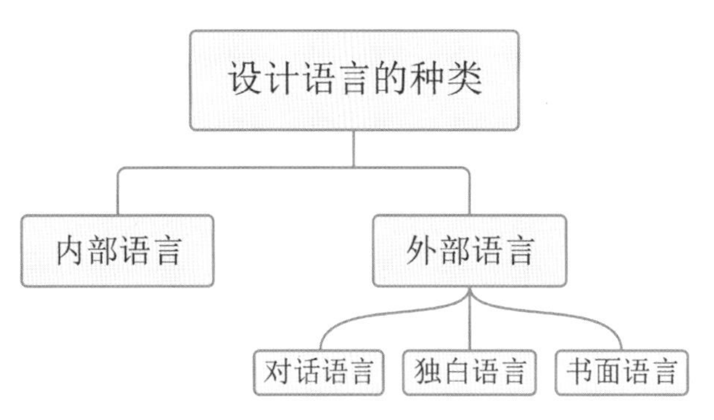

图4-4 设计语言的种类

（2）简略性

内部语言比相互间的对话更简略，这和它执行的功能有关。内部语言是一种不用直接进行交际的语言，它不存在别人是否能够理解的问题，因而常常以十分简略、概括的形式出现。在内部语言中，句子的大量成分常常被省略，只保留主语和谓语，甚至可以用一个词或词组来代表一系列完整的陈述。

2. 外部语言

（1）对话语言

对话语言是指两个或几个人直接交流时的语言活动，如聊天、座谈、辩论等。他们是通过相互谈话、插话的形式进行的。一般认为，对话语言是一种最基本的语言形式，其他形式的口语和书面语言都是在对话语言的基础上发展起来的。

对话语言是一种情境性语言。它与交谈双方当时所处的环境有密切联系，因而是“前后呼应”的关系。例如，几位同学正在做实验，我问:“怎么样了?”大家听后，自然懂得我是关心实验进行的情况，而用不着说“你们的实验进行得怎么样了”。它是一种简略的语言，由于对话语言的情境性，带来了这种语言特有的简略性。在对话语言中，说话的双方往往只用简单的句子，甚至个别单词来表达自己的思想。这时候，语言的语法结构和逻辑关系可能不完善、不严谨，但不妨碍进行正确的交际。设计师设计出一款产品，需要向大众讲述设计的理念以及产品的使用方法和主要功能，并且回答消费者对这款产品的疑问（图4-5）。

- 补充要点 -

罗曼·雅各布森

俄国杰出的语言学家、诗人，莫斯科语言小组的领袖。雅各布森出生在莫斯科，开始在拉扎列夫东方语言专科学校学习，后转入莫斯科大学。1915年，年仅19岁的雅各布森牵头成立了“莫斯科语言小组”，这个小组举行各种活动，研究文学和语言问题。1918年，雅各布森毕业于莫斯科大学，两年后任莫斯科戏剧学院俄语教授，1933年任教于捷克马萨里克大学（今普基涅大学），教授俄罗斯语文学和捷克中世纪文学。第二次世界大战时雅可布森定居美国，先后任教于哥伦比亚大学和哈佛大学。

主要著作有：《无意义的书》《未来派》《论捷克诗》《语言学和诗学》和《文学和语言学研究的课题》（与梯尼亚诺夫合著）等。

（a）

（b）

图4-5 语言设计

图4-6　促销现场

（2）独白语言

独白语言是个人独自进行的，与叙述思想、情感相联系且较长而连贯的语言。它表现为报告、讲演、讲课等形式。独白语言是说话者一个人独自进行的语言活动。独白语言的支持物是自己谈话的主题和所说出的词句，因而不同于对话语言。同时独白语言也受听众的支持，但这种支持主要来自听众的表情和环境的气氛。例如，教师讲课是一种独白语言。课堂上，教师根据学生的表情、课堂的气氛，就能判断讲课是否吸引了大家，这些非语言的信息对教师的独白语言起到支持作用。但是，对独白语言来说，这种来自听众的支持具有间接的性质，它不是语言的直接交流。它没有对话语言吸引人，两者并没有处在同一水平线上。例如超市的促销活动，如果仅仅是促销员一个人进行独白语言，消费者则云里雾里的，那么这场促销很明显没有达到销售效果（图4-6）。

为了系统、准确地表达自己的思想，独白语言具有开展的形式。独白语言是连贯的、论证性的，在用词造句方面要求严谨、符合语法。独白语言对语流的速度和发声也有要求。为了使听众正确地了解自己谈话的内容，说话者要注意语速适当、发音清晰、语调具有变化，有时还要配合适当的表情和手势，这样才能吸引听众。其次它是有准备、有计划进行的语言活动。由于独白语言对语言本身的质量有较高的要求，并且在语言过程中又较少受到交谈情景提供的非语言信息的影响，因此，事先的准备与计划对运用这种语言形式具有重要的意义。

（3）书面语言

书面语言是指一个人借助文字来表达自己的思想或通过阅读来接受别人语言的影响。书面语言的出现比口语要晚得多。它只有在文字出现以后，才为人们掌握和利用（图4-7）。

图4-7　书面语言

首先，书面语言是一种“随意性”的语言形式。我们知道，口语具有转瞬即逝的特点，说完就消失。在对话中，交谈双方必须准确地把握对方的语流，在短暂时间内，一次性地接受对方语言的影响；在独白语言中，说话者可以计划自己的语言，但是一经说出，就无法收回，语言的影响实际上已经产生了。而书面语言则不同，在用文字表达自己的思想时，它允许字斟句酌、反复推敲。书面语言比口语具有较大的随意性，阅读者可以根据自己的语言能力自由地控制自己的阅读速度，也是一个重要的原因。

其次，书面语言具有开展性。如果说对话语言具有简略性的特点，独白语言较开展，那么书面语言就更容易开展了。书面语言要求用精确的词句、正确的语法和严密的逻辑进行陈述，既要避免词不达意，又要力戒“言过其实”和“空话连篇”。因为人们在运用书面语言时使用者远离了自己的交际对象，它不能直接得到来自读者的反馈，没有情境因素的帮助，因此，只有凭借结构手段向读者提供语境线索。书面语言是一种自我反馈的语言，它通过自己的修改、补充和润色使之趋于完善。只有在语言的产品形成之后，它才接受来自读者的批评，从而影响随后的语言活动。在这种情况下，用开展的形式系统地阐明自己的思想仍是十分必要的。

最后，书面语言具有计划性。书面语言和独白语言一样，也是一种计划性较强的语言形式。这种计划常常以腹稿、提纲等形式表现出来。由于这一特点，书面语言和独白语言一样，往往有较长的酝酿时间。

第二节　理解设计语言的魅力

语言理解是以正确感知语言为基础，但理解语言并不是通过语音或字形把语义简单地移植到自己的头脑中。理解语言是一种主动、积极的建构意义的过程。语言接受者在头脑中想象语言所描述的情境，通过期待、推理的活动去揭示语言的意义。理解语言依赖于人们已有的知识和经验。人们的知识经验不同、对同一语言材料的理解也会有很大的差别。我们最开始理解的设计语言是在课堂上学到的，不少高校开展了设计类学科学习设计语言及设计理念。

课文理解（Discourse Comprehension）是语言理解的最高级水平。它是在理解字、词、句等基础上，运用推理、整合等方式揭示课文意义的过程。我们最开始学习的设计语言是在课本中识得，学习设计的起源、设计的原则、设计的本质等知识，将书本的知识进行升华从而设计出人性化的设计作品（图4–8）。

《语文课程标准》指出：“阅读教学是学生、教师、文本之间对话的过程。”有效的对话能创造精彩的课堂。与文本对话，感悟语言，就是要抓住课文中重点部分和关键语句并反复诵咏、体会、揣摩、品味。如抓“题眼”能感悟文章的主旨；抓中心句段、过渡句段、重点难点，能把握作者的写作思路和布局谋篇的技巧；抓文中比喻、拟人、反问等特殊表达形式的语句，能体会特色表达在表情达意方面的差别；抓精彩的语句或感受最深的地方，能感悟作者遣词造句的生动形象、准确精妙；抓标点符号的不同用法，能感悟句意，辨明语气，理解课文内容；抓住刻画人物表情动作和心理活动的语句及情感变化的线索，能理解故事情节的发展和人物的性格特征……教学中，应注意引导学生品味重点词语，同时对学生进行口语训练。

设计语言就是将设计作为一种沟通的方式，用于某种特定的范围或场景内，然后做适当的表达设计，用设计传达某种信息（图4–9）。

（a）

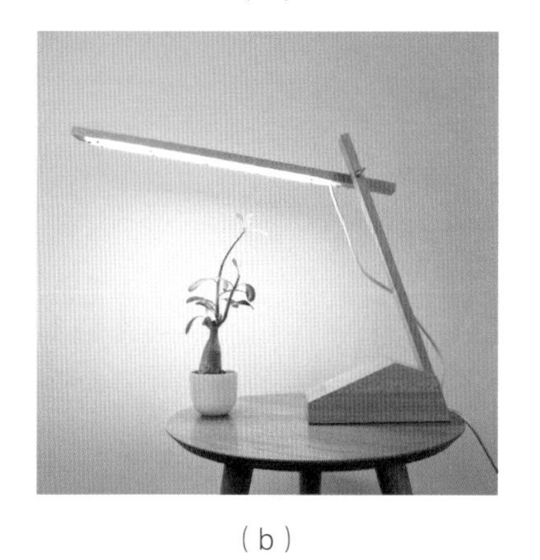

（b）

图4-8　理念设计

（a）

（b）

图4-9　设计语言

第三节　设计语言

设计是一个过程，在这个过程中注入的情感会被消费者感受到，从而影响消费者对产品的情感。有个性的产品会令人不由自主地对它倾注感情，当人与物体间产生了情感，那么产品就不再是一件简单的产品，而成为一件有灵魂的作品（图4-10）。

一、工业设计

人类从开始制造器皿的时候，就在探索制造的方法，这个方法就是手工工艺，古代的工艺全靠手工，自然界几乎是看不到完全平整的东西，手工工艺者将各种材料进行抛光打磨，制造成各种工具及工艺品，这就是产品的原型，一直到现在，手工工艺仍给人以美的享受（图4-11）。

工业时代的到来，加速了设计行业的发展，批量化的生产将设计工艺更加精致化和细节化，加上产品数量的提升，更多从事设计行业的人员解放了双手，创作的时间更加充足。工业设计旨在引导创新、促发商业成功及提供更高质量的生活，是一种将策略性解决问题的过程应用于产品、系统、服务及体验的设计活动。它是一种跨学科的专业，将创新、技术、商业、研究及消费者紧密联系在一起，

（a）

（b）

图4-10　设计理念

共同进行创造性活动，将需解决的问题、提出的解决方案进行可视化，重新解构问题，并将其作为建立更好的产品、系统、服务、体验或商业网络的机会，提供新的价值以及竞争优势。设计是通过其输出物对社会、经济、环境及伦理方面问题的回应，旨在创造一个更好的世界。

广义工业设计（Generalized Industrial Design）是指为了达到某一特定目的，从构思到建立一个切实可行的实施方案，并且用明确的手段表示出来的一系列行为。它包含了一切使用现代化手段进行生产和服务的设计过程。狭义工业设计的定义与传统工业设计的定义是一致的。由于工业设计自产生以来始终是以产品设计为主的，因此产品设计常常被称为工业设计。产品与技术之间也许存在着鸿沟，但对于产品本身而言，每一个产品都有自身的设计风格语言，不同的产品呈现出不一样的感情色彩。设计的产品通过语言表达出它内在的设计情感以及设计理念（图4-12）。

工业设计起源于包豪斯（Bauhaus，1919—1933），德国魏玛市“公立包豪斯学校”（Staatliches Bauhaus）的简称，后改称“设计学院”（Hochschule für Gestaltung），习惯上仍沿称“包豪斯”（图4-13）。在两德统一后位于魏玛的设计学院更名为魏玛包豪斯大学（Bauhaus-Universität Weimar）。它的成立标志着现代设计的诞生，对世界现代设计的发展产生了深远的影响，包豪斯也是世界上第一所完全为发展现代设计教育而建立的学院。“包豪斯”一词是格罗披乌斯生造出来的，是德语Bauhaus的译音，由德语Hausbau（房屋建筑）一词倒置而成。

（a）

（b）

图4-11　手工工艺设计

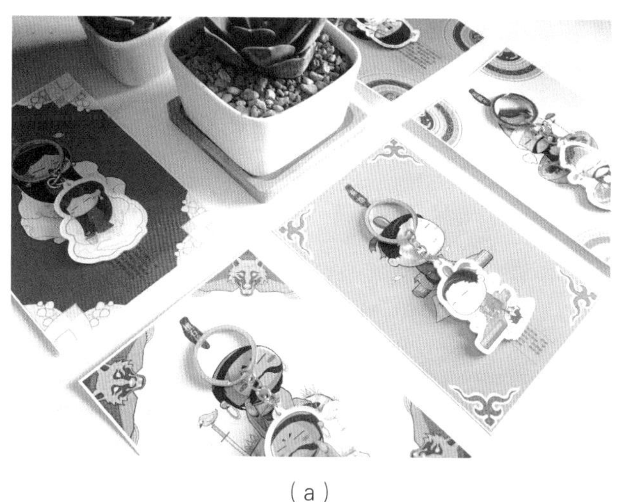

（a）

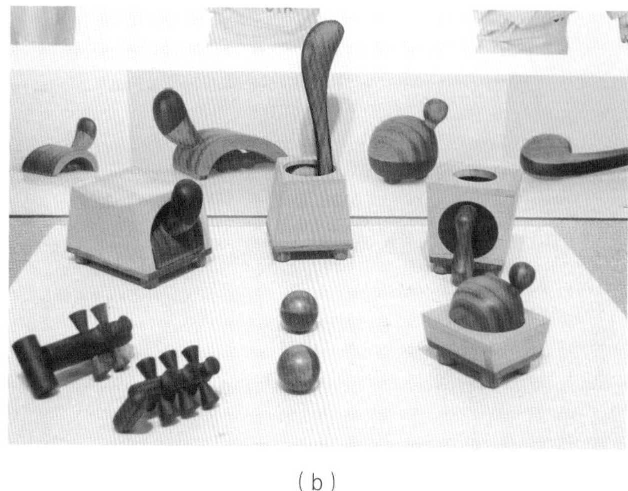

（b）

图4-12 设计风格

（a）

（b）

图4-13 包豪斯

- 补充要点 -

包豪斯设计风格

包豪斯设计风格是对“现代主义风格的另一种称呼”。包豪斯对于现代工业设计的贡献是巨大的，特别是它的设计教育有着深远的影响，其教学方式成为世界许多学校艺术教育的基础，它培养出的杰出建筑师和设计师把现代建筑与设计推向了新的高度。相比之下，包豪斯所设计出来的实际工业产品无论在范围上或数量上都是不显著的。包豪斯在世界主要工业国之一德国的整体设计发展过程中起了重要作用，包豪斯的影响不在于它的实际成就，而在于它的精神。例如包豪斯为了追求新的、工业时代的表现形式，在设计中过分强调抽象的几何图形。“立方体就是上帝”，无论何种产品，何种材料都采用几何造型，从而走上了形式主义的道路（图4-14）。

1. 工业设计的设计对象

工业设计的设计对象是批量生产的产品，区别于手工业时期单件制作的手工艺品。它要求必须将设计与制造、销售与制造加以分离，实行严格的劳动分工，以适应高效批量生产。这时，设计师便随之产生了。所以工业设计是现代化大生产的产物，研究的是现代工业产品，满足现代社会的需求（图4-15）。

2. 工业设计的研究对象

产品的实用性、美观性和环境效应是工业设计研究的主要内容。工业设计从一开始，就强调技术与艺术相结合，所以它是现代科学技术与现代文化艺术融合的产物。它不仅研究产品的形态美学问题，而且研究产品的实用性能和产品所引起的环境效应，使它们得到协调和统一，更好地发挥效用（图4-16）。

3. 工业设计的目的

工业设计的目的是满足人们生理与心理双方面的需求。工业产品是满足手工艺时人们生产和生活的需要，无疑工业设计就是为现代的人服务的，它要满足现代人们的要求。所以它首先要满足人们的生理需要，一个杯子必须能用于喝水，一支钢笔必须能用来写字，一辆自行车必须能代步，一辆卡车必须能载物等。工业设计的第一个目的，就是通过对产品的合理规划，使人们能更方便地使用它们，使其更好地发挥效力。在研究产品性能的基础上，工业设计还通过合理的造型手段，使产品富有时代精神，符合产

（a）

（b）

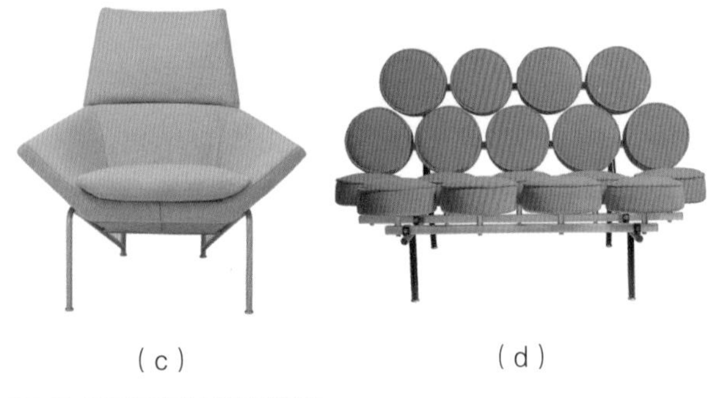

（c）　（d）

图4-14　包豪斯风格设计

（a）

（b）

图4-15　批量生产设计

品性能、与环境协调的产品形态还使人们得到美的享受（图4-17～图4-20）。

4. 组织性

工业设计是有组织的活动。在手工业时代，手工艺人们大多单枪匹马，独自作战。而工业时代的生产，则不仅批量大，而且技术性强，不可能由一个人单独完成，为了把需求、设计、生产和销售协同起来，就必须进行有组织的活动，发挥劳动分工所带来的效率，更好地完成满足社会需求的最高目标（图4-21）。

5. 组织机构诞生

国际工业设计协会联合会自1957年成立以来，加强了各国工业设计专家的交流，并组织研究人员给工业设计下过两次定义。在1980年举行的第11次年会上公布的修订后的工业设计的定义为："就批量生产

（a）

（b）

图4-16　美化设计

图4-17　生理设计

图4-18　生活设计

图4-19　代步设计

图4-20　运输设计

（a）个人设计

（b）团体设计

图4-21　设计的形式

的产品而言，凭借训练、技术知识、经验及视觉感受而赋予材料、结构、构造、形态、色彩、表面加工以及装饰以新的品质和资格，这叫作工业设计。根据现场的具体情况，工业设计师应在上述工业产品的全部侧面或其中几个方面进行工作，而且，当需要工业设计师对包装、宣传、展示、市场开发等问题的解决付出自己的技术知识和经验以及视觉评价能力时，也属于工业设计的范畴”（图4-22~图4-25）。工业设计在企业中有着广阔的应用空间。因此，从企业对工业设计的需求层次角度来分析工业设计的内容，对企业更好地运用工业设计，创造更大的价值，将提供极大的便利（图4-26~图4-29）。

二、平面设计

设计是设计师个人或设计团体有目的地进行有别于艺术的一种基于商业环境的艺术性的创造活动，设计是一种工作或职业，是一种具有美感、使用与纪念功能的造型活动。设计是建立在商业和大众基础之上的，是为他们而服务，从而产生商业价值和艺术价值，有别于艺术的个人或部分群体性欣赏范围（图4-30）。

图4-22 构造设计

图4-23 装饰设计

图4-24 形态设计

图4-25 色彩设计

图4-26 包装设计

图4-27 产品海报

图4-28 展示设计

图4-29 市场开发

平面设计也可称为“视觉传达设计”，目前开设这门学科的高校有很多，主要是以“视觉”作为沟通和表现语言的方式，透过多种方式来创造并结合符号、图片和文字，借此做出用来传达想法或讯息的视觉表现。平面设计师可能会利用字体排印、视觉艺术、版面、电脑软件等方面的专业技巧，来实现创作计划的目的。平面设计通常可指设计制作的过程，以及最后完成的作品（图4–31）。

平面设计的常见用途包括标识（商标和品牌）、出版物（杂志，报纸和书籍）、平面广告、海报、广告牌、网站图形元素、标志和产品包装（图4–32～图4–37）。

图4–30　艺术欣赏设计

（a）　（b）　（c）

图4–31　平面设计

图4–32　品牌设计

图4–33　封面设计

图4-34　广告设计

图4-35　海报设计

图4-36　广告牌设计

图4-37　产品包装设计

例如，产品包装中也包括的商标或其他的艺术作品、编排文本和纯粹的设计元素，如风格统一的图像、形状、大小和颜色。组合是平面设计最重要的特性之一，尤其是当产品使用预先存在的材料或多种元素的融合（图4-38）。

- 补充要点 -

平面设计基本要素

1. 创意——平面设计的第一要素，没有好的创意，就没有好的作品，创意中要考虑观众、传播媒体、文化背景三个条件。

2. 构图——要解决图形、色彩和文字三者之间的空间关系，做到新颖，合理和统一。

3. 色彩——好的平面设计作品在画面色彩的运用上注意调和、对比、平衡、节奏与韵律（图4-39）。

平面设计是将作者的思想以图片的形式表达出来。可以将不同的基本图形，按照一定的规则在平面上组合成图案，也可以以手绘方法去创作，主要在二度空间范围之内以轮廓线划分图与地之间的界限，描绘形象。而平面设计所表现的立体空间感，并非实在的三度空间，而仅仅是图形对人的视觉引导作用形成的幻觉空间。“平面设计是从人类开始利用文字记录自己思想的时候就开始的一个活动，贯穿了人类文明史的整个过程。”国内现代设计和现代设计教育的重要奠基人之一王受之曾在其所著的《世界平面设计史》中这样写道。

平面设计常用尺寸如表4-1所示。

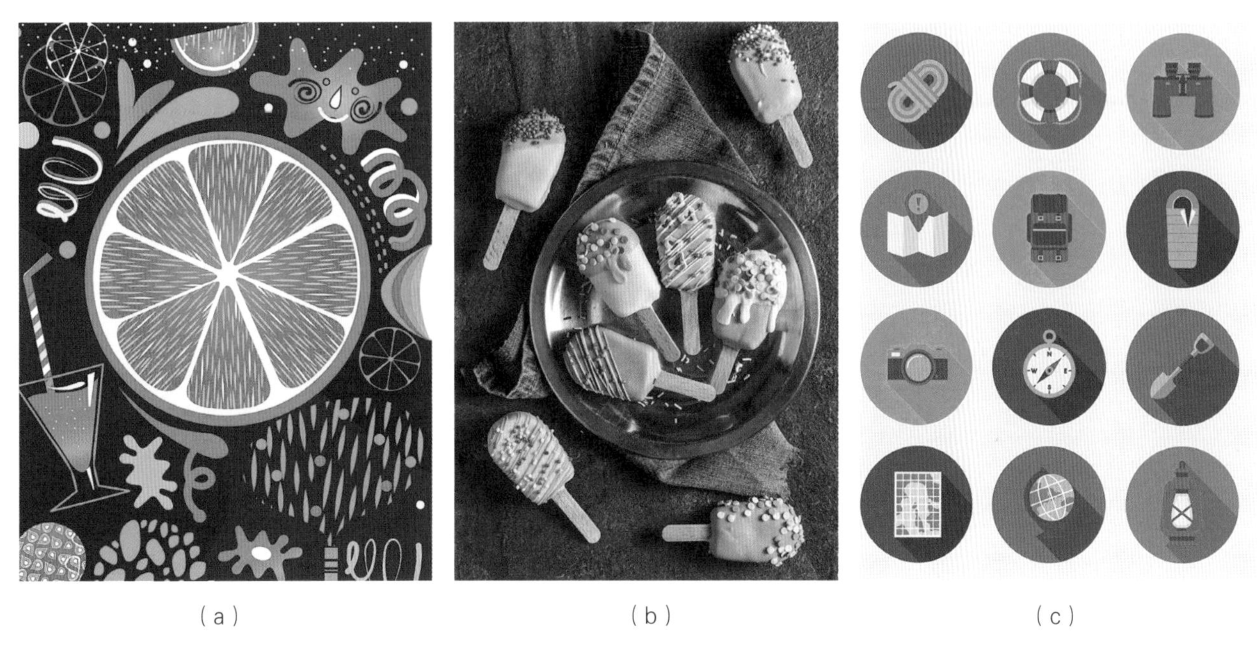

（a）　（b）　（c）

图4-38　设计元素组合

（a）　（b）

图4-39　平面要素设计

表4-1　平面设计常用尺寸

常用尺寸/毫米								
开数尺寸	全开	2开	3开	4开	6开	8开	16开	32开
正度纸张 787×1092	781×1086	530×760	362×781	390×543	362×390	271×390	185×260	
大度纸张 850×1168	844×1162	581×844	387×844	422×581	387×422	290×422	195×271	
尺寸 787×1092		736×520		520×368		368×260	260×184	184×130
开本 850×1168		570×840		420×570		285×420	210×285	203×140

设计是科技与艺术的结合，是商业社会的产物，在商业社会中需要艺术设计与创作理想的平衡，需要客观与克制，需要借作者之口替委托人说话。设计与美术不同，因为设计既要符合审美性又要具有实用性，并替人设想、以人为本，设计是一种需要而不仅仅是装饰、装潢。设计没有完成的概念，需要精益求精，不断地完善，需要挑战自我，向自己宣战。设计的关键之处在于发现，只有不断通过深入的感受和体验才能做到，打动别人对于设计师来说是一种挑战。设计要让人感动，足够的细节本身就能感动人，图形创意本身能打动人，色彩品位能打动人，材料质地能打动人，把设计的多种元素进行有机艺术化组合也能打动人。还有，设计师更应该明白严谨的态度自身更能引起人们心灵的振动。

三、展示设计

展示设计是一门综合的艺术设计学科。它的主体为商品，展示空间是伴随着人类社会政治、经济的阶段性发展逐渐形成的。在既定的时间和空间范围内，运用艺术设计语言，通过对空间与平面的精心创造，使其产生独特的空间范围，不仅可以快速地宣传设计主题的意图，同时能使观众参与其中，达到完美沟通的目的，这样的空间形式，一般称之为展示空间（图4-40）。对展示空间的创作的过程，称之为展示设计。

许多产品设计公司，在生产出新型产品时，要推销产品，运用摄影技巧，加上精美的说明文，做广告宣传。但是摄像机无法表现超现实的、夸张的、富有想象力的画面。这时运用展示设计的特殊技法，效果

（a）

（b）

（c）

（d）

图4-40　展示空间

更为突出。因为人总是相信自己的第一感觉，只有亲身体验了才会觉得真实可靠，照相技术无法满足人眼对产品的穿透力，所以，展示设计是推销产品的武器。

展示设计是以“展示物”为目标的设计，以“灯光”“装饰”“说明”来烘托“展示物”的一种设计。展示设计从范围上看可以大到博览会场、博物馆、美术馆，中到商场、卖场、临时庆典会场，小到橱窗及展示柜台，都以具说服力的展示为主（图4-41～图4-46）。就展示设计所处理的内容而言，主要有展示物的规划、展示主题的发展、展示具、灯光、说明、指示及附属空间。

展示行为是商业活动中最为常见的一种形式，从商业的角度来看，展示较其他促销手段有着高效、直接的特点。展览在为企业提供巨大商机的同时，也为企业节约了不少资金。据英联邦展览联合会调查结果显示，通过展览为企业寻找客户的费用是一般渠道寻找客户所需费用的七分之一。展示给商家提供了一个直接面对消费者的平台，信息交流和意见反馈较为直接，往往是很多新产品推向市场的前奏，在展览会中获取的信息往往对产品最终的完善起着至关重要的作用。如今各行业都有自己的展示设计。相比较而言，人们通过产品的呈现增大购买的欲望，特别是餐饮食品类（图4-47）。越来越多的展示设计在我们的生活中出现。

如何建立展示剧情的框架是展示设计的关键，它决定着设计的走向。设计构思一定是基于某种主题所形成的，在基本功能设计的初期阶段，必须先了解企业要传达给参观者什么信息，由此决定展示的大主题和风格。好的展示主题必须能直接表达展览内容，而且可以创造一种特殊的展览气氛，有效地吸引顾客达到宣传销售目的。

图4-41　博览会场

图4-42　博物馆

图4-43　美术馆

图4-44 卖场展示

图4-45 橱窗展示

图4-46 庆典会场

（a）

（b）

（c）

（d）

图4-47 展示效果

其次要划分出补充大主题的小主题，还有相关的各种项目，这些内容既要服从整体风格，又要有其独特的构思，能够成为一个个精彩的局域点。这些精彩点与整体风格协调起来即成为展示剧情的框架，如同电影和戏剧中的剧情梗概。由此出发考虑场地空间规划及造型结构的安排，开始基本设计。

— 补充要点 —

现代商业展示设计

现代商业展示设计是由具体物质的功能性、技术性、经济性、机能性、文化性、艺术性、促销性、审美性等内容综合统筹出来的设计艺术，是以实用性、观赏性、大众性和参与性为特征的物质和精神合为一体的时空艺术和销售艺术，是人与人、物与物、人与物、企业与企业、企业与人、社会与个体、技术与艺术等诸多方面整合经营的体现，是市场营销的需要和人的综合知识结构统筹的理念运用。

在商业展示设计中，设计的过程是有始无终的。现代商业展示设计的目的是为了解决问题，解决人和环境、企业和消费者、商品和顾客之间的关系和区别，在满足了基本的购物需要之后，传达企业的、品牌的、商品的、文化的、地域的等各方面的信息，甚至影响人的生活方式、时尚消费的观念，也因此带动整个社会商业经济的发展。

课后练习

1. 设计语言的概念是什么?
2. 语言对设计有什么作用?
3. 设计语言主要有哪几类，主要内容有哪些?
4. 语言的生理机制有哪些，人的发音由哪几部分组成?
5. 如何理解语言对设计的重要性?
6. 作为一名设计师掌握好消费者心理语言有什么作用?
7. 对产品的设计语言最直接的表达方式有哪些?
8. 工业设计的宏观与微观概念分别是什么? 请简要说明。
9. 平面设计的设计要素是什么，在设计时需要注意哪些问题?
10. 展示设计是日常生活中最为常见的，请以某个空间为例做展示设计。

第五章

认知设计心理

PPT课件，请在计算机里阅读

学习难度：★★★★☆

重点概念：人格的概念、审美心理、情感化设计

章节导读

人格是一种心理特性，它使每个人在心理活动过程中表现出各自独特的风格。当你阅读四大古典名著时，你会被小说中各具风采、光彩照人的人物形象所吸引，宝玉的多情与反叛、黛玉的抑郁与聪慧、曹操的雄心与奸诈、关羽的勇猛与忠诚等，一个个栩栩如生的人物流传古今。在现实生活中，我们也能发现性格迥异的人，如有人开朗活泼、有人性情温柔、有人冲动莽撞、有人畏惧退缩等，所有这些心理差异都是人格差异的表现（图5-1）。

图5-1　人格塑造

第一节　人格的概念

人格一词，最初源于古希腊语“persona”，本意是指希腊戏剧中演员戴的面具，面具随人物角色的不同而变换，体现了角色的特点和人物性格，就如同我国戏剧中的脸谱一样（图5-2）。心理学沿用面具的含义，转意为人格。其中包含了两个意思，一是指一个人在人生舞台上所表现出来的种种言行，即人遵从社会文化习俗的要求而做出的反应。人格所具有的“外壳”，就像舞台上根据角色要求所戴的面具，表现出一个人外在的人格品质。二是指一个人由于某种原因不愿展现的人格成分，即面具后的真实自我，这是人格的内在特征。

“人格”是我们日常生活中经常使用的词汇，如“他具有健全的人格”“他的人格高尚”“他出卖了自己的人格”……这些描述包含了人格的多重含义，有法律意义上的人格，有道德意义上的人格，有文学意义上的人格，也有社会学意义上的人格，在设计心理学中也有关于设计师人格的探讨。

一、人格的特征

人格是设计心理学中探讨完整个体与个体差异的一个领域。到目前为止，由于心理学家各自的研究取向不同，因而对人格的看法有很大差异。综合各家的看法，可以将人格的概念界定为：“人格是构成一个人的思想、情感及行为的特有模式，这个独特模式包含了一个人区别于他人的稳定而统一的心理品质”。人格是一个具有丰富内涵的概念，其中反映了人格的多种本质特征，例如，在室内设计中，不少设计师的顾客是合作过的业主介绍过来，因为对这位设计师的设计以及人品很满意，这里的人品其实就是一个人健全的人格素养（图5-3）。

1. 独特性

一个人的人格是在遗传、成熟和环境、教育等先后天因素的交互作用下形成的。不同的遗传、生存及教育环境，形成了各自独特的心理特点。人与人没有完全一样的人格特点。如“固执”在不同的环境下有其特定的含义，在不同人身上也有不同的含义。在娇生惯养、过度溺爱的环境中，“固执”带有“撒娇”的意思；而在冷淡疏离、艰难困苦的环境中，“固执”又带有“反抗”的意思。所谓“人心不同，各如其面”，正说明了人格是千差万别、千姿百态的。这就是人格的独特性。另一方面，生活在同一社会群体中的人也有一些相同的人格特征，如中华民族是一个勤劳的民族，这里的“勤劳”品质，就是共同的人格特征（图5-4）。

2. 稳定性

俗话说，“江山易改，禀性难移”，这里的“禀性”就是指人格。人格具有稳定性。在行为中偶然发生的、一时兴起的心理特性不能称为人格。当然，强调人格的稳定性并不意味着它在人的一生中是一成不变的，随着生理的成熟和环境的改变，人格也可能产生或多或少的变化。例如，一位性格内向的大学生，在各种不同的场合都会表现出沉默寡言的特点，这种特点从入学到毕业不会有很大的变化。这就是人格的稳定性。

3. 统一性

人格是由多种成分构成的一个有机整体，具有内在的一致性，受自我意识的调控。人格的统一性是心理健康的重要指标。当一个人的人格结构各方面彼此和谐一致时，他的人格就是健康的。否则，会出现适应的困难，甚至出现“分裂人格”。

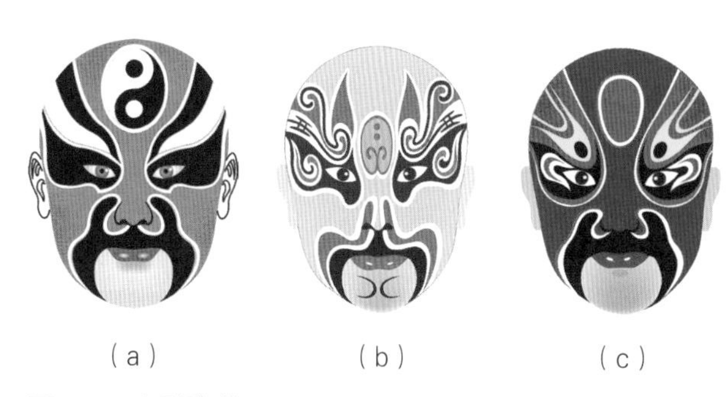

（a）　（b）　（c）

图5-2　戏剧脸谱

（a）

（b）

图5-3　室内设计

不同的设计师对同一个设计作品有着不同的见解，有人觉得毫无看点，有人觉得美轮美奂，这些不同的认识就是每个人自身的独特性。

图5-4 独特性

4. 功能性

人格在一定程度上会影响到一个人的生活方式，甚至会决定某些人的命运，因而是人生成败的根源之一。当面对挫折与失败时，坚强者能发奋拼搏，懦弱者会一蹶不振。这就是人格功能的表现。例如，有的设计师在遇到难以处理的客户时选择了放弃，而有人却能够努力寻找解决问题的方法，直到客户满意为止。

二、人格的结构

人格是一个复杂的结构系统，它包括许多成分，其中主要包括气质、性格、认知风格、自我调节等方面（图5-5）。自我调控系统是人格的内控系统或自控系统，具有自我认知、自我体验、自我控制三个子系统，其作用是对人格的各种成分进行调控，保证人格的完整、统一、和谐。

1. 气质

气质（Temperament）是指人的相对稳定的个性特点和风格气度。气质是表现在心理活动的强度、速度、灵活性与指向性等方面的一种稳定的心理特征，即我们平常所说的脾气、秉性。人的气质差异是先天形成的，受神经系

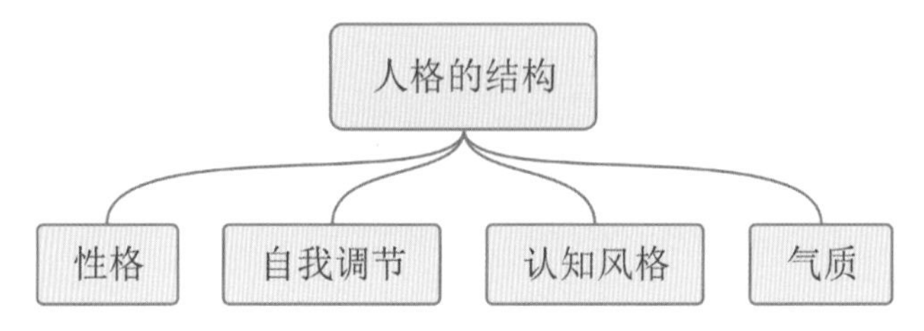

图5-5 人格结构图

统活动过程的特性所制约。孩子刚落地时，最先表现出来的差异就是气质差异，有的孩子爱哭好动，有的孩子平稳安静。气质是人的天性，无好坏之分，它只给人们的言行涂上某种色彩，但不能决定人的社会价值，也不直接具有社会道德评价含义。一个人的活泼与稳重不能决定他为人处世的方向，任何一种气质类型的人既可以成为品德高尚、有益于社会的人，也可以成为道德败坏、有害于社会的人。气质不能决定一个人的成就，任何气质的人只要经过自己的努力都能在不同实践领域中取得成就，也可能成为平庸无为的人。气质与人格的区别在于，人格的形成除以气质、体质等先天禀赋为基础外，社会环境的影响起决定作用。而气质是人格中的先天倾向。设计心理学对个人自身气质的研究影响较大。

2. 性格

性格（Character）是一种与社会关系最密切的人格特征，在性格中包含有许多社会道德含义。性格表现了人们对现实和周围世界的态度，并表现在他的行为举止中。性格主要体现在对自己、对别人、对事物的态度和所采取的言行上。所谓态度，是个体对社会、对自己和对他人的一种心理倾向，它包括对事物的评价、好恶和趋避等方面。态度表现在人的行为方式中。例如，两个同学对某一恶性事件的评价，其中一人为此愤愤不平，开始评论这件事的对错，责任是谁……而另一人觉得这件事跟我没关系，看看就好了，不要随意谈论以免惹祸上身。性格表现了一个人的品德，受人的价值观、人生观、世界观的影响，如有的人大公无私，有的人自私自利。这些具有道德评价含义的人格差异，我们称之为性格差异。不同性格的人在设计方式和设计理念上各有不同，有的设计简洁明了、有的雍容华贵、有的色彩大胆、有的则朴素自然（图5-6～图5-9）。

图5-6　简洁设计

图5-7　奢华设计

图5-8　色彩设计

图5-9　质朴设计

3. 自我认知

自我认知（Self-cognition）是对自己的洞察和理解，包括自我观察和自我评价。自我观察是指对自己的感知、思想和意向等方面的觉察；自我评价是指对自己的想法、期望、行为及人格特征的判断与评估，这是自我调节的重要条件。如果一个人不能正确地认识自我，只看到自己的不足，觉得处处不如别人，就会产生自卑心理，丧失信心，做事畏缩不前……相反，如果一个人过高地估计自己，则会骄傲自大、盲目乐观，导致工作的失误。因此，恰当地认识自我，实事求是地评价自己，是自我调节和人格完善的重要前提。例如，在日常的设计中，设计师首先要自己肯定自己的设计方案，这样才能自信地与客户交谈，让客户看到你的自信以及自身的专业素养，只有自己先肯定自己，别人才能同样认可你的作品（图5-10）。

4. 自我控制

自我控制（Self-regulation）是自我意识在行为上的表现，是实现自我意识调节的最后环节。如一个学生意识到学习对自己发展的重要意义，会激发起努力学习的动机，在行为上表现出刻苦学习、不怕困难的精神。自我控制包括自我监控、自我激励、自我教育等成分（图5-11）。

（a）

（b）

（c）

图5-10 认知设计

（a）

（b）

图5-11 行为设计

第二节　人的认知风格

认知风格（Cognitive Style）是指个人所偏爱使用的信息加工方式，也叫认知方式。例如，有人喜欢与别人讨论问题，从别人那里得到启发；有人则喜欢自己独立思考。认知风格与认知能力是两个截然不同的概念，其差别主要表现在3个方面：其一，能力是指成就水平，而风格是指偏爱方式；其二，能力是指人们能够达到的最高行为，风格是指人们的典型行为；其三，能力是一种单极变量，有高低或好坏之分，而风格是指一种双极或多极变量，无高低与好坏之分。个体在认知风格上的差异具有一定的稳定性，儿童时期所表现出来的某种认知风格可能会保持到成年。认知加工方式有许多种，主要有场独立性和场依存性、冲动和沉思、同时性和继时性等。

一、人格形成的因素

1. 生物遗传因素

心理学家对“生物遗传因素对人格具有何种影响”的探讨已经持续很久了。由于人格具有较强的稳定性，因此人格研究者更注重遗传因素的作用。许多心理学家认为，双生子研究（Twin Studies）是研究人格遗传因素的最好方法。1963年，高特斯曼（Gottesman）提出了研究双生子的原则：同卵双生子具有相同的基因，他们之间的任何差异都可归结为环境因素的作用。异卵双生子的基因虽然不同，但在环境上有许多相似性，如出生顺序、母亲年龄等，因此也提供了环境控制的可能性。完整研究这两种双生子，就可以看出不同环境对相同基因的影响，或者是相同环境下不同基因的表现。

从生物遗传因素来看，家庭中祖辈有从事绘画、音乐、设计类工作的家庭，在下一代的新生儿中，这类孩子在这方面的造诣较高，且能力水平在早期表现得较明显，对色彩的辨认及使用都有自己独到的见解（图5-12）。

2. 社会文化因素

社会文化对人格具有塑造功能，这表现在不同文化的民族有其固有的民族性格。例如，不同民族之间的文化有着不同的特色，中国少数民族服饰绚丽多彩，精美绝伦，各具特色（图5-13）。它是各民族优秀历史文化的重要组成部分。服饰制作从原料、纺织

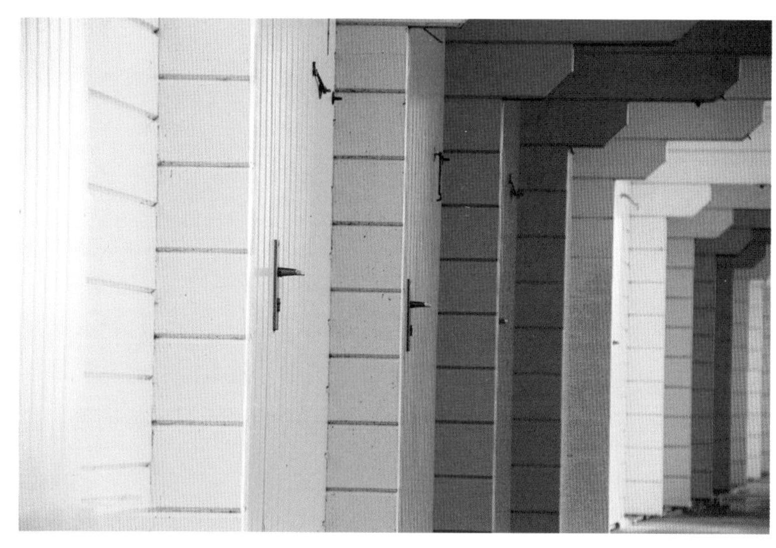
（a）

（b）

图5-12　色彩设计

（a）

（b）

（c）

图5-13　服装设计

工艺以及样式、装饰都保持着鲜明的民族和地区特色。服饰是人类特有的劳动成果，它既是物质文明的结晶，又具精神文明的含义。人类社会经过蒙昧、野蛮到文明时代，缓缓地行进了几十万年。我们的祖先在与猿猴相揖别以后，披着兽皮与树叶，在风雨中徘徊了难以计数的岁月，终于艰难地跨进了文明时代的门槛，懂得了遮身暖体，创造出一个物质文明社会。然而，追求美是人的天性，衣冠于人如金装在佛，其作用不仅在遮身暖体，更具有美化的功能。几乎是从服饰起源的那天起，人们就已将其生活习俗、审美情趣、色彩爱好，以及种种文化心态、宗教观念，都沉淀于服饰之中，构筑成了服饰文化的精神文明内涵。

社会文化塑造了社会成员的人格特征，使其成员的人格结构朝着相似性的方向发展，这种相似性具有维系社会稳定的功能，又使得每个人能稳固地“嵌入”在整个文化形态里。社会文化对人格的影响因文化而异，这取决于社会对顺应的要求是否严格。越严格，其影响力越大。影响力的强弱也取决于行为的社会意义，对于社会意义不大的行为，社会允许较大的差异；而对于社会意义十分重要的行为，就不允许有太大的变异。如果一个人极端偏离其社会文化所要求的人格特质，不能融入社会文化环境中，就可能被视为行为偏差或患有心理疾病。

3. 教育因素

学校是一个有目的、有计划地向学生灌输思想的教育场所。教师、学生班集体、同学与同伴等都是学校教育的元素。教师对学生人格的发展具有指导定向的作用。教师既是学校宗旨的执行者，又是学生评价言行的标准。教师的言传身教对学生产生着巨大影响。每个教师都有自己的风格，这种风格为学生设定了一个“气氛区”，在教师的不同气氛区中，学生有不同的行为表现。洛奇在一项教育研究中发现：在性情冷酷、刻板、专横的老师所管辖的班集体中，学生的欺骗行为增多；在友好、民主的学习气氛区中，学生欺骗行为减少。教育心理学家勒温等人也研究了不同管教风格的教师对学生人格的影响。他们发现在专制型、放任型和民主型的管理风格下，学生表现出不同的人格特点。教师的公正性对学生有非常重要的影响。有关教师公正性对中学生学业与品德发展的影响的一项研究，其结果使研究者及教师们大吃一惊。结果表明：学生非常看重教师对他们的态度是否公正和公平，教师的不公正态度会使学生的学业成绩和道德品质下降。这种由教师期望引起的效应叫“皮格马利翁效应”。学生需要老师的关爱，在教师的关爱下，他们会朝着老师期望的方向发展。

在设计心理学中，学生的设计行为受教师的影响，一位品行端正、民主的教师教出来的学生更易被社会认可，教育对学生的行为做出了正确的指导。如在广告设计中，学生能够以发现的眼光思考问题，从生活细节入手，激发出创意性的设计理念（图5-14）。

4. 自然因素

生态环境、气候条件、空间拥挤程度等这些物理因

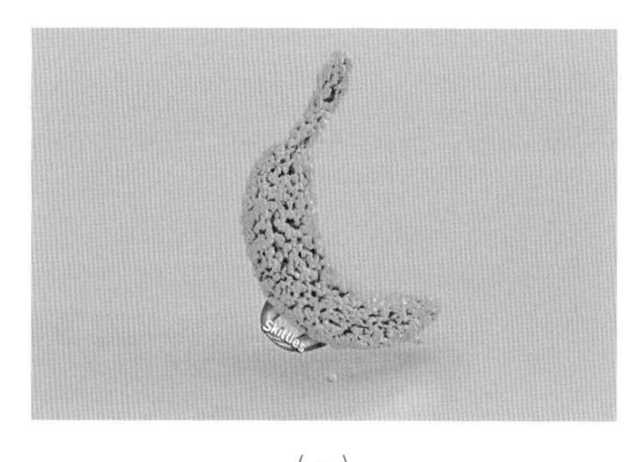
（a）

（b）

图5-14 广告创意设计

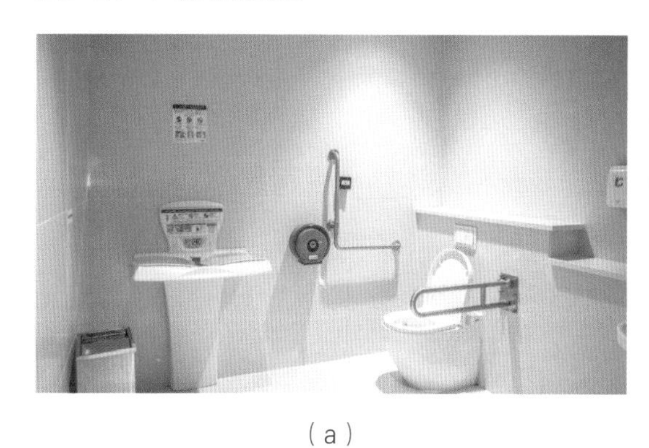
（a）

（b）

图5-15 人性化生活设计

素都会影响人格的形成和发展。一个著名的研究实例是，巴理（Berry）1966年关于阿拉斯加州的爱斯基摩人（Eskimos）和非洲的特姆尼人（Temne）的比较研究。这个研究说明了生态环境对人格的影响。爱斯基摩人以渔猎为生，夏天在船上打鱼，冬天在冰上打猎。主食为肉，没有蔬菜，过着流浪生活，以帐篷遮风避雨。这个民族是以家庭为单元，男女平等，社会结构比较松散，除了家庭约束外，很少有持久、集中的政治与宗教权威。在这种生存环境下，父母对孩子的教养原则是能够适应成人的独立生存能力。男孩由父亲在外面教打猎，女孩由母亲在家里教家务。儿女教育比较宽松、自由，不受打骂，鼓励孩子自立，使孩子逐渐形成了坚定、独立、冒险的人格特征。而特姆尼人生活在灌木丛生的地带，以农业为主，种田为生，居住环境固定，形成300~500人的村落。社会结构紧固，有比较分化的社会阶层，建立了比较完整的部落规则。在哺乳期内，父母对孩子很疼爱，断奶后孩子就要接受严格的管教。这种生活环境使孩子形成了依赖、服从、保守的人格特点。另外，气温也会提高人的某些人格特征的出现频率。如热天会使人烦躁不安，对他人采取负面的反应，发生反社会行为。世界上炎热的地方，也是攻击行为较多的地方。

总之，自然环境对人格不起决定性的作用，但在不同的物理环境中，人可以表现出不同的行为特点。实践表明，父母在孩子没有形成健全人格的时期，经常带孩子接触大自然、外出旅行等方式会使孩子在成年之后具有更加健全的人格魅力，在思想上会思考得更加全面（图5-15）。

5. 自我调控因素

人格的自我调控系统就是人格发展的内部因素。人格调控系统是以自我意识为核心的。自我意识（Self Consciousness）是人对自身以及对自己与客观世界关系的意识，具有自我认识、自我体验、自我控制等特征。自我调控系统的主要作用是对人格的各个成分进行调控，保证人格的完整统一与和谐。它属于人格中的内控系统或自控系统。自我调控具有创造的功能，它可以变革自我、塑造自我，不断完善自己，将自我价值扩展到社会中去，并在对社会的贡献中体现自己的价值，把实现自我的个人价值变为实现自我的社会价值。人的自我塑造伴随着人的一生，需要一个人不懈努力地去完成。

综上所述，人格是先天和后天的合成、是遗传与环境交互作用的结果。在人格的形成过程中，各个因素对人格的形成与发展起到了不同的作用。遗传决定了人格发展的可能性，环境决定了人格发展的现实性，其中教育起到了关键性作用，自我调控系统是人格发展的内部决定因素。

二、完善设计师人格

每个从事艺术设计职业的人都梦想成为设计大师，即最富有创造力的设计师（图5-16）。除了通过多年的专业训练和技能培养之外，更多人认为造就设计大师最重要的决定因素之一就是设计师本人的人格因素，比较稳定的对个体特征性行为模式有影响的心理品质，简单来说就是个人的特性。

美国学者罗（Roe）通过1946年与1953年所做的关于几个领域的艺术家和科学家的研究，发现他们只有一个共同的特质，那就是努力以及长期工作的意愿。同样，洛斯曼（Rossman）对发明家人格的研究也发现他们具有“毅力”这个性格特征。其中，特别值得一提的，还有心理学家唐纳德·麦金隆（Donald Mackinnon）在1965年对建筑师人格特征进行的研究，他认为建筑师具有艺术家和工程师的双重特征，同时还具有一点企业家的特征，最适合研究创造力。因此，他选择了三组建筑师进行测试，每组40人，其中第一组是极富创造力的建筑大师；第二组是与上述40名建筑大师有两年以上联系或合作经验的建筑师；第三组是随机抽取的普通建筑设计师，通过专业评估，第二组的设计师的作品具有一定的创造性，而第三组的创造性比较低（表5-1）。

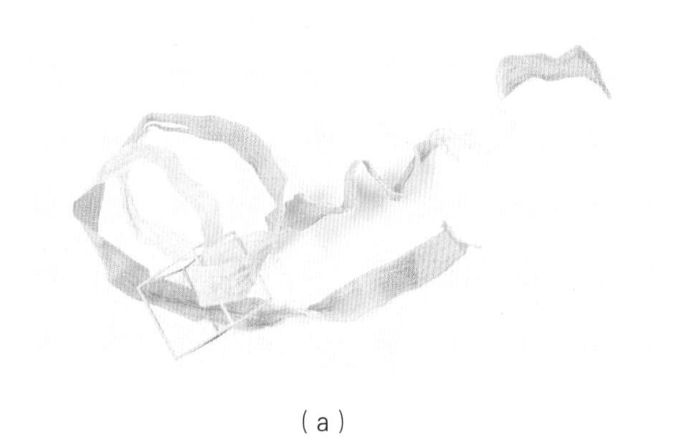

（a）

（b）

图5-16 艺术设计

表5-1 建筑师的人格特征

特征	大师组	合作组	随机组
独立自主	高	中	低
进取心	高	中	低
谦卑	低	中	高
顺从	低	中	高
人际关系	低	中	高
工作态度	更加灵活，富有女性气质；更加敏锐；更富直觉	注重效率与有成就的工作	强调职业规范和标准

建筑师作为艺术设计师中的典型，反映了设计师创造性人格的基本特性（图5-17）。从对其的研究看来，当艺术设计师从更高层次来要求自己进行创作时，他们的人格特征往往更接近于艺术家，表现出艺术家的典型创造性人格，我们可以将其称为“艺术的设计师”。

一名设计师所做的最本质的事情就是向新产品的制作人提供对某个新物品的描述。通常情况下，制造商几乎不需要决定什么，新产品的尺寸、材料、颜色和装饰等都由设计师决定。当顾客向设计师询问设计理念时，设计师所要做的事情就是向客户进行产品设计讲解及描述，所有设计活动的目的就在于这里。

设计师在设计时，考虑的是所有的设计标准和需求，这些标准和需求是根据客户的概述、技术和法律问题以及设计师个人赋予设计方案的美学和形式上的特性来制定的。通常，运用客户的概述来确定的问题是含糊的，只有通过设计师提出切实可行的方案，将思想理念转化为图纸及文字时，客户的要求和标准才能变得清晰明了。虽然世界上有大量的设计活动，但设计能力的本质还是得不到很好地理解。人们认为它是一种神秘的天赋。因此，设计师创造出具有效率性、影响力、想象力和激励性设计的能力，对于我们来说是非常重要的（图5-18）。

此外，设计师还需要具有一定发明家的创造性人格特征。例如，沟通和交流能力、经营能力等，这些虽然对于艺术设计创意能力并没有直接影响，但是却能帮助设计师弄清目标人群的需求、甲方意志、市场需要等，间接帮助设计师做出满足消费者及大众人群多层次需要的设计，使产品既具有艺术作品的优美品质，又能满足消费者、大众的多层次需要（图5-19）。

（a）

（b）

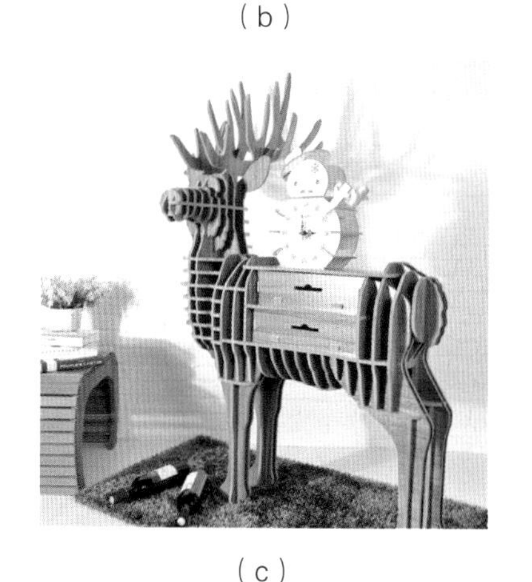

（c）

图5-17　创造性设计

三、创造力

对于创造力的定义，学者们一般有三种定义的角度，首先，从创造力的结果人手。例如，古希腊哲学家亚里士多德将“创造”定义为“设计前所未有的新事物”。目前，国内设计心理学界比较认同的一种定义也是从这一角度入手的，即根据一定目的和任务，运用一切已知信息，开展能动思维活动，产生出某种新颖、独特、有社会或个人价值的产品。这里的产品不等同于工业设计中的产品，它包含有更加广阔的含义，它是“以某种形式存在的思维成果，它可以是一个新概念、新思想、新理论，也可以是一项新技术、新工艺、新产品”。这一定义接近于广义上设计的意义，即创造前所未有的、新颖而有益的东西，因此，从这个意义上说，设计即创造，设计能力也就是创造能力（图5-20）。

（a）

（b）

图5-18　标准化设计形式

图5-19　需求设计

（a）

（b）

图5-20　人工智能设计

四、设计能力

在一个方案被大众接受之前，这个设计在一定程度上应该是具有原创性的。因此，设计方案的创造是设计师的根本活动，他们也会因此而闻名于世或声名狼藉。虽然设计通常是与新颖性和创意性有关，但许多普通的设计实际上是对以前的设计进行更新设计。在设计流程的生成性阶段，制图再次起到了很大的作用，尽管在最初阶段，制图只是设计师用铅笔表达的构思，并且可能只有他自己了解。近些年来，在对设计进行广泛研究的基础上，对设计师的工作和思维方式的理解在逐渐增多（图5-21）。有些研究是依赖于设计师自己的报告，它们涉及范围从对设计师工作的观察，基于规程分析的实验研究，到对设计能力本质的理论化。阿金（Akin）对建筑师规程研究中还发现，设计师通过方案或设想的方式重新确定问题的自主性和必要性，他指出，设计行为的独特性之一就是，不断产生新的任务。

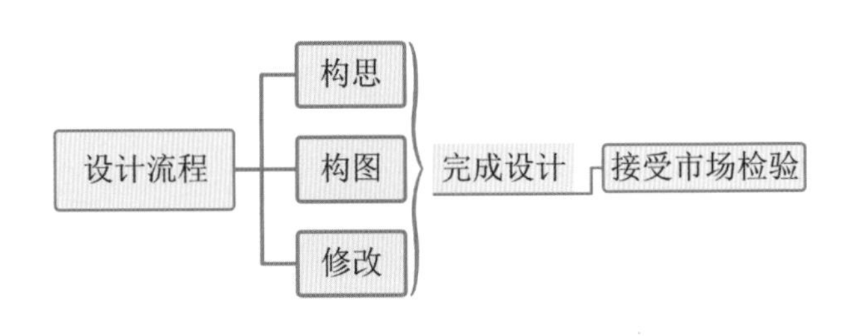

图5-21　设计流程图

研究证实，设计师设计能力的综合表现，往往通过设计师的设计创造能力的高低体现。我们可以总结出设计能力具有的一些核心特征：一是解决无法明确的问题；二是采用针对解决问题的策略；三是利用诱导性、创造性思维或同位思维；四是使用非语言、图形和空间模型媒介。因此，设计能力的本质就是设计创造能力，即设计师创造新的、相关的观点和看法的能力。

第三节　在设计中形成人格

一、审美设计心理

1. 审美设计

审美是人们对事物美丑进行评判的过程，审美活动是指人观察、发现、感受、体验及审视等特有的审美心理活动。早在古希腊，柏拉图用“观照”一词指代审美活动。在审美活动中，通过人的生理与心理功能的相互作用，将可感知的形象转化为信息，经过大脑的加工、转换与组合，形成审美感受和理解。同时，设计审美不是被动的感知，而是一种主动、积极的审美感受，经过感知、想象主动接受美的感染，领悟情感上的满足和愉悦。审美领域是一个内在自由的精神领域，设计审美问题归根到底也是人与社会之间的问题。实践与审美都是与人的生命活动紧密相连的问题，人作为实践的主体通过审美活动来实现自己的生命特征，它使人自身意义无遮蔽地展示并得到发展。设计审美首先考验的是设计师的个人美学素养，其次是消费者的审美理念。人们对美的事物有一种无法抗拒的情愫，追求美好事物是每个人的心理诉求，经过市场检验的设计才能称之为好的设计（图5-22）。

- 补充要点 -

设计与审美的联系

（1）设计与自然——设计活动不但提供了人类索取自然、改造自然的工具与手段，还吸收了自然之灵气。今天，设计的可持续发展的观念，调整设计活动与自然和谐的审美关系。

（2）设计与社会——人从动物的人、物质的人变成社会的人、审美的人，人的设计活动促进了社会的发展。

（3）设计与设计成果——设计成果是设计者对自身本质力量的肯定和自我精神的把握，是人的设计实践创造美的审美活动。

（a）

（b）

（c）

图5-22　书柜设计

2. 设计的审美想象

审美想象是以原有的表象为基础，在审美主体的情感推动下，将众多相关记忆表象加以组合再创造的心理过程。设计的审美想象包括审美联想和审美意象。

（1）审美联想

审美设计心理形式之一。它是指审美主体由当前所感知的事物而回忆起相关的另一事物，是一种由此及彼的心理推移过程。在审美欣赏中，审美主体由于联想的作用扩大了审美观照的时空，可以表现为接近联想、相似联想、对比联想、因果联想等。

在审美想象力中，联想是最为基本的，也是不可缺少的。影响审美联想的因素有审美对象对人的刺激程度，包括强度、次数；还有当前事物与回忆事物的内在联系。审美联想依靠大脑皮层神经联系的复苏，使留在大脑中的兴奋痕迹在新事物的刺激下再现。审美联想需要依靠丰富的记忆、活跃的思考、明确的目的性、广博的知识和经验，以及一定的思考能力等来完成这种高级的心理活动和意识活动。

审美联想为设计活动和艺术创作打下了心理基础，如夸张、衬托、象征等手法应用于审美创作中。将客观与主观相结合才能达到艺术的最佳创作。先有知觉，再有联想，联想在有些时候可以直接形成审美意象，但它的奠基作用是主要的，目的是引导再现性想象和创造性想象的顺利进行。例如，人们在超市看到了包装精美的咖啡豆，会自然而然地想到买一套精致的咖啡杯一样，这就是设计审美的联想（图5-23、图5-24）。

（2）审美意象

从哲学角度来解释，是指对象的感性形象与自己的主观意识融合而成的蕴于胸中的具体形象。康德指出“审美意象是指想象力所形成的某种形象呈现，它能引起人想到许多东西，却又不能由任何明确的思想或概念把它充分地表达出来，因此也没有语言能完全适合它，把它变成可以理解的”。例如，你看到某个设计产品的时候，会想到某一个人或者某一件事情，可是又无法通过更直观的语言表现出来。

图5-23　包装审美设计

图5-24　产品审美设计

（a）

（b）

图5-25 环境设计

（a）

（b）

图5-26 审美情感设计

3. 设计的审美感知

（1）审美态度

在审美活动之前，主体根据已知信息和经验对即将出现的审美对象的一种准备状态。它主要是指审美主体的心理状态，受时间、地点等客观条件影响，也受心境、情绪等主观心理因素影响，是一种非功利的心理态度，这种态度有别于实践的、理智的、道德的态度。比如，当你坐在西餐厅里，餐厅的整体氛围让你无比期待即将享受美味佳肴和服务时的心理状态，这种心理就属于这种情况（图5-25）。审美态度在设计和艺术创作活动中有着非常重要的作用，艺术家不同的审美态度会形成不同的创作理念，从而影响设计作品的质量。同时审美态度也能反映出消费者审美兴趣的广泛性和审美能力的高低。

（2）审美情感

审美情感是指人对客观存在的美的体验和态度，是人类的高级情感，它贯穿于设计审美过程的始终。审美主体在理性的基础上，发挥情感的作用，使审美对象的本质直达心灵，满足主体的审美目的和理想。例如，设计师在进行审美设计前，首先对原材料进行选择，在选择的同时脑海中就已经浮现出要设计的产品，这个过程即是审美情感的迸发（图5-26）。

（3）审美感受

人的五官对审美的象形、线、声、色、语言等外在审美特性的感觉，如高大、宽广、快乐、悲伤等感觉。审美感受的生理机制是大脑外感受器和大脑皮层视听中枢共同运动的结果。审美感受的心理基础是审美主体根据自己的审美经验对客观对象通过感知、想象、情感多种心理功能的综合活动而达到领悟和理解的感受方式（图5-27）。

（4）审美共鸣

审美共鸣是指人在审美过程中获得美感时所具有

的一种特殊的心理现象，也指消费者由于自身思想情感与设计审美对象所蕴含的思想情感相一致，从而被深深打动，体验到一种强烈的情感刺激。如设计师在产品设计时融入了情感设计，消费者在欣赏设计时触发的情感与设计审美情感交织在一起，这个时候就产生了设计审美的共鸣。

(a)

(b)

图5-27 审美感受设计

二、审美设计的特征

1. 形式美

形式美是指事物的形式因素（点线面、色彩、空间、构图、材质等）本身的结构关系所产生的审美价值。自然界中各种事物的形态特征被人的感官所感知，使人产生美感，并引起人们的想象和一定的感情活动时，就成了人的审美对象，称为美的形式（图5-28、图5-29）。

形式美具有独立的审美价值，但它决非纯粹自然的事物。它或多或少、或隐或显地表现出这样或那样的朦胧的美感，是因为它的形成和发展经历了漫长的社会实践和历史发展过程。这个过程是一个长期的，包括心理、观念、情绪向形式的历史积淀。经过历史积淀的形式美，就成为一种植根于人类社会实践的“有意味的形式”。社会实践的历史积淀使形式所涵盖的社会生活内容渐渐凝结在构成形式美的感性材料及其组合规律上，事物的形式或美的形式就演变为独立存在的形式美。失去了具体社会内容制约的形式美，比其他形态的美更富于表现性、装饰性、抽象性、单纯性和象征性。在人类历史上，在社会、自然、艺术设计、科学设计的各种领域中，普遍存在着美。虽然它们的表现形态、状貌、特征都不相同，但美的本质却是统一的。

图5-28 色彩设计

2. 艺术美

艺术美是指各种艺术作品所显现的美。艺术美作为美的一种形态，是艺术家创造性劳动的产物。艺术家的创作活动作为一种精神生产活动，从本质上说，也是人的本质力量的定向化活动。因此，艺术美也就是人的本质力量在艺术作品中通过艺术形象的感性显现。艺术美是指存在于艺术作品中的美，是艺术家按

图5-29 空间设计

照一定的审美目标、审美实践要求和审美理想的指引，根据美的规律所创造的一种综合美。一方面，艺术美是以艺术作品为媒介，将人的感情、审美体验、人生理想等，通过艺术形式感性显现，是艺术作品所特有的审美价值。艺术美离不开艺术形象，它来源于现实生活，与真实的美一样具有生动性与丰富性，并且能够反过来影响人们现实生活中的思想感情，进一步加深人们对社会现实的认识（图5-30）。

3. 技术美

技术上的正确性构成了美的必要条件，但还不是充分条件。美在这里意味着产品与人关系上的和谐。正是在人的感受性的基础上，技术美以物的形式构成和形态特征获得了一种独立的价值存在，并发挥着社会人的象征职能。技术美一方面是生产中的美学问题，也就是生产美学、劳动美学等问题。它研究审美观念、审美理想等主观因素如何积极地作用于劳动者，以提高劳动质量和效率。另一方面是研究劳动生产中与美学问题密切相关的艺术设计，旨在现代科学技术最新成果的基础上，全面考虑劳动生产的经济、实用、美观和工艺需要而进行的设计。这种设计不仅涉及现代科学技术的最新成果，还涉及整个社会生活的美化。本田魔法座椅在布局上将空间做到了极致，后排座位在不用或者外出自驾游的时候，可以整个收起来且不占用车内空间，对于创业型的小型企业来说非常的实用（图5-31）。

（a）

（b）

图5-30　艺术美

（a）

（b）

图5-31　技术美设计

第四节　情感化设计

一、产品的情感化设计

产品的情感化设计是以遵循人的情感活动规律为基础，以受众的体验层次和情感需求为切入点，设计出具有人情味的设计物，让受众获得内心愉悦的体验，使生活充满乐趣和感动。产品从生产、购买、使用再到回收，每一阶段都体现出产品与人之间的交流。在人与人之间通过语言来实现情感交流的同时，产品与人之间则通过产品的色彩、形态、材料等语言来传达其特定的情感。

1. 设计的色彩情感

产品设计中的色彩是从色与彩两部分来理解的，色即单色，是指赤、橙、黄、绿、青、蓝、紫等各种单一的色；彩即彩度，是色的组合与对比关系。当用距离等明度无彩点的视知觉特性来表示物体表面颜色的浓淡，并给予分度时就形成了产品的色彩，即颜色的鲜艳程度。在产品设计中，任何一种色彩都包括色相、纯度和明度三种要素，三种要素共同作用并从不同角度影响着人的心理感觉，从而带给人们不同的情感体验（图5-32、图5-33）。

色彩是产品设计中最重要的视觉信息传达因素，往往起着先声夺人的视觉效果。人们通过色彩感受由它带来的无穷魅力，实现设计师与消费者之间情感的交流与互动。通过这种人性化的交流与互动，以符号语言的形式和独特的象征带给人们追求和谐与理想的生活方式。色彩本身没有特定的情感，其情感因素的形成是人类在漫长的劳动过程中所积累的审美经验逐渐演化而成的。当色彩与特定的文化紧密结合形成一种社会观念，就获得了约定俗成的象征意义。例如，北京的紫禁城金碧辉煌，而普通老百姓居住的胡同则以灰色调为主（图5-34）。

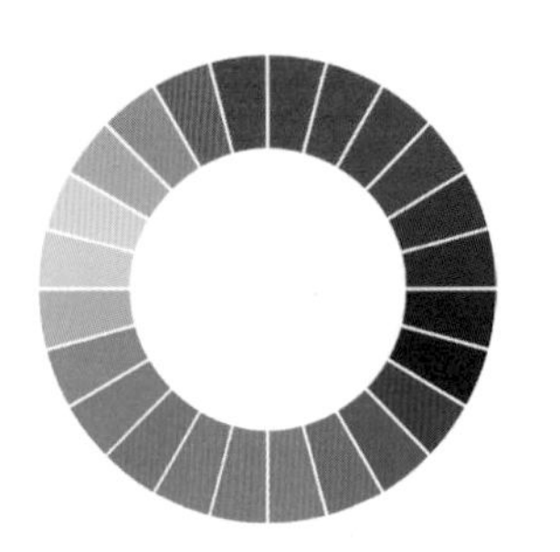

图5-32　色相环

图5-33　色彩明度

（a）

（b）

图5-34　色彩设计

（a）

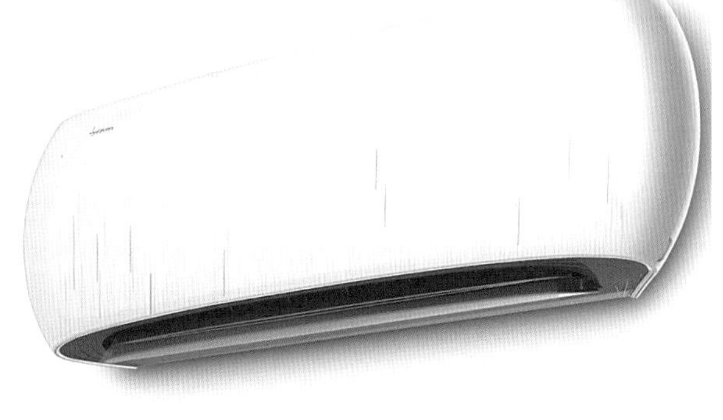

（b）

图5-35　温度感设计

2. 产品色彩的情感表达

色彩能够表现情感，这是一个无可辩驳的事实。色彩通过色相和色阶的组合，形成各种各样的色彩情调和情感。当色彩毫无保留地展现在人们的眼前时，色彩本身的心理效应会引起人们的心理变化和情感反应，这就是色彩情感。色彩与人们的心理以及生理有着紧密的联系。在这一过程中，色彩的共感起到了很重要的作用。色彩的共感是人们接受外界光的刺激之后，在视觉形成色的同时还会伴生出种种非色觉的其他感觉。常见的色彩共感有温度感、距离感、重量感、硬度感等，这些共感常常能引起人们对色彩的情感变化。

（1）温度感

色彩分为暖色系和冷色系两种。暖色系以橙色为中心，橙色最暖，离橙色越远温暖感就越低；冷色系以青色为中心，青色最冷，离青色越远寒冷感表现越弱。色彩的温度感表现出强烈的共感觉现象，不仅表现为冷暖感，还会影响人的情绪和生理的变化。这种冷暖感的变化与人们的视觉与心理联想有关，是视知觉的常规反应。它的表现与人们的需求一致。例如，在热烈氛围和欢快的场面，暖色的使用极其符合人们的心理需求，可以调动人们的情感和渲染氛围，让人感到亲近。相反，冷色让人感到冷漠和疏远。例如，人们日常生活中的使用的冰箱和电风扇，就是根据产品的功能和使用环境来确定其外观色彩的，在颜色的处理上多用冷色调，以此带给人清凉的感觉（图5-35）。

（2）距离感

不同色彩处于同一视距离时，色彩会产生远近不同的感觉。色彩的距离感与色相、明度和彩度属性有关。从色相上来说，暖色比冷色在感觉中的距离比实际距离显得近；从明度上来说，高明度的色彩比低明度的色彩在感觉中的距离比实际距离显得近；从纯度上来说，凡是暖色则纯度越高越显得近，凡是冷色纯度越高越显得远。但是色彩的近与远不能一概而论，色彩的前进、后退与背景色密切相关。

（3）重量感

色彩的重量感的产生是由于人眼对于不同色彩的联想所产生的，一般来自于人们生活中的体验。例如，白色的物体感觉轻飘；黑色的物体感觉沉重。色彩的这种轻重感主要决定于它的明度，明度越高感觉越轻，明度越低感觉越重。因此，要想使色调变轻，可以通过加白来提高明度，利用加黑来降低明度。同时，色彩的重量感与知觉度和纯度有关。暖色往往具有重感，冷色具有轻感，纯度高的亮色感觉轻，纯度低的灰色感觉偏重。

在产品色彩设计中，为了使产品显得稳定，产品上部设计多用轻感色，而下部则用重感色；如果要使产品获得轻巧感，宜在产品下部采用轻感色的色彩，让产品视觉重心上升；如果产品既要稳定又要体现生动的效果，这时产品色彩设计就要考虑上部分采用轻感色，下部分采用重感色（图5-36）。

图5-36　重量感设计

（4）硬度感

色彩的硬度感与色彩的重量感几乎是同一时间形成的。凡是感觉轻的色彩都给人软而膨胀的感觉；凡是感觉重的色彩都给人硬且收缩的感觉。色彩的硬度感主要受明度的影响，明度越高感觉越软；明度越低感觉越硬。同一明度，暖色显软；冷色显硬。这就说明同样一件物体，当它的色彩鲜艳明亮时，就会给人以轻盈的感觉；当其色彩变得阴沉、暗淡时，就会带给人沉重的感觉。因此，色彩的轻重感随时会波及人的情绪。在产品色彩设计中，人们可利用色彩的软硬感来创造宜人、舒适的色调（图5-37）。

3. 产品情感设计的色彩搭配

优秀的色彩搭配不仅能使产品具有美感，满足消费者的审美需求，还能美化环境，使人产生愉快的心情，从而达到有效提高日常生活质量的效果。色彩的搭配情感主要通过对比与调和来实现。

（1）产品色彩的对比情感

色彩对比是指两种以上的颜色，以空间或时间关系相比较而产生的明显差别。在人的视觉感受以内，没有一种颜色会是孤立存在的，受光照的制约，它会与周围邻近的色彩产生一种比较关系，从而影响周围的色块，改变着自身的色相、明度和纯度效果（图5-38）。

（2）产品色彩的调和情感

色彩调和是指两种或多种颜色统一而协调地组合在一起，可使人产生愉快并能满足人的视觉需求和心理平衡的色彩搭配关系。产品的色彩调和在产品中的表现方式往往是以一种色调为主，再添加辅色。在消费时代的时尚产品中，产品色彩调和的有效表现形成了独特的消费情感（图5-39）。

（a）

（b）

图5-37　硬度感设计

图5-38　对比设计

图5-39　调和设计

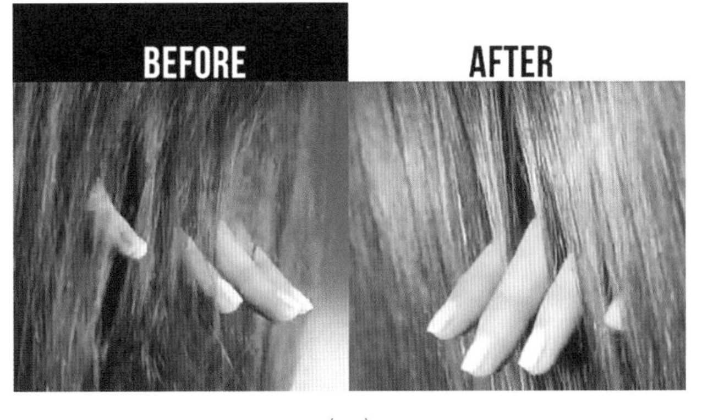

（a）

（b）

图5-40　情感化广告设计

二、广告设计

在广告设计的感性诉求中，色彩、文字和图形是平面设计的三大设计要素，从视觉传达角度来看，文字是在原始图形的基础上演变而来的，是一种抽象的符号、静态的语言，其本身就具有图形之美。此外，文字还具有独特的形式美感，尤其是中国的汉字，它的方形结构、笔画特点都体现出中华民族古老、悠久的文化内涵。而文字图形化使文字的特征得到了升华。

1. 情感化设计

现代广告创意的感性诉求的情感价值不是一个空洞虚无的大概念，它主要体现在设计中的人文关怀精神。在此，让我们通过解析人文关怀精神的内在因素，来把握感性诉求的情感价值的命脉。近年来，“人文关怀”成为人们使用最多的词汇之一，它频频出现在各种媒体上，大到各阶层人的讲话，小到老百姓杯碗茶筷间的闲谈，无不透露出人们对人文关怀的关注与向往。例如，在潘婷护发素的广告中淡化了商业味道，注重人们内心世界对健康美的一种深深的向往与追求。在现代广告创意的感性诉求的情感价值中，以人文关怀为支点，关注人、关心人的生存状态，也将成为现代广告创意中的重点诉求内容之一（图5-40）。

在现代广告创意中，我们所强调的人文关怀就是要体现对人的关爱和尊重，通过创意改善人的生存环境，创造美好的生活环境，让人们感受生活的美好和幸福。现代广告设计的意义与价值就在于它为人们的生活创造了优美的环境，这种优美的环境在满足人们审美要求的同时，还激发了人们认识真理的信心和改造世界的热情，促进了人们征服自然能力的发展。在征服自然的同时，如何以正确的态度去对待自然，一直是现代广告创意在感性诉求的情感价值研究中最值得深思的一个问题（图5-41）。

图5-41　现代创意广告

2. 广告设计的体验情感

情感在审美心理活动中，一方面，可以诱发各种心理因素积极参与创造活动；另一方面，可以融入其他各个环节的心理活动中，使整个创作活动都染上情感的色彩。正是由于情感的诱发，审美表象才升华为审美意象。在审美感知时，情感就会诱发形象记忆和情绪记忆并形成一定的情感体验。例如，星巴克被视为美国当代文化不可或缺的象征（图5-42）。因为它不只是喝咖啡，更在传播一种经验、文化，提供新的交流氛围。情感化的设计传达在现代产品同质化的时代发挥着不可替代的作用，同样，情感化的营销方式也成了现代市场的秘密武器。

商品广告的情感设计应该引起消费者喜、乐、爱和亲切等良好的、肯定的情绪，如果产生厌恶、愤怒或悲哀等否定情绪，是很难使消费者产生购买行为的。因此，商品广告中情感设计的表达一般采用抒情、趣味、幽默等手法，以唤起人们愉悦情绪，触发人们肯定的情感。因此，设计师应该全面贯彻“以人为本”的设计精神，提高设计的亲和力，在情感化设计的细致层面上更注重满足人们情感上的需求，给人们带来更多轻松快乐、幽默新奇的心理感受和情感体验。

（a）

（b）

图5-42　体验设计

（a）拖鞋广告

（b）冰箱广告

图5-43　创意性设计

3. 创意性设计

时尚就是时间与崇尚的相加。时尚在特定时段内率先由少数人实验，而后成为社会大众所崇尚和仿效的生活样式。需要指出的是，时尚绝不能和肤浅、庸俗画等号。对于落后的生活方式与僵化的理性结构，它们总会给以强有力的打击，同时，又举起旗帜，引领新的生活方式、观念的方向，从而赋予人的个性以崭新的内涵。关于时尚，意识形态广告的前任创意总监许舜英讲得更为透彻："时尚已经不是一种产业，它是生活方式的核心影响中枢。"

颠覆是后现代主义广告创意的又一重要特征。颠覆意味着反叛和超越，意味着创新和建构。它是一种反叛和超越已有的理性结构和传统文化，释放情感、直觉、情绪、追求，建构新感性的方法。"让热情奔放，让激情燃烧，这是'颠覆'的核心精神。"从创意角度出发，广告业界总结出一套实施颠覆的法则。这种法则包含三个步骤：对比传统，进行颠覆，预设前景。颠覆的起点便是传统，传统既是过去文化的积淀，也是维持现状的想法。对比传统就是"以传统为触媒，为颠覆催生"。接下来是颠覆传统，首先便要辨认传统，然后挑战传统。在创意实施中对传统进行改造，让人们用不同的眼光和不同的心境面对同一事物，"广告必须让不奇怪的变成奇怪，熟悉的变成不熟悉。"预设前景也就是企业所要达到的目标。后现代广告与过去的物本观广告的重要区别之一，就在于后现代广告所宣传的企业预设的前景"从人的整体需要出发，关切人的生存状态，在满足其物质需要的同时，更注重其精神生活的充实和精神需求的满足"（图5-43）。

补充要点

广告设计与心理需求

1. 整体布局简洁——在广告设计上注重简洁大方，无印良品在这方面做到了极致。无印良品在广告设计和创意方面，均取色简单，往往采用2种色彩，无更多其他颜色。这种极致简单的设计，是在对完成度进行反复打磨追求极致设计时所思考出的形象，符合现代人的心理特征。

2. 突出中心广告——设计中需要注重文案创意、突出中心。内容与用户关注点息息相关，消费者阅读的时间有限，必须在短小的篇幅广告中突出中心重点。

3. 内容通俗易懂——好的创意虽然必须要追求“高品质”，但是广告的基础设计理念必须保障创意对消费者来说浅显易懂。

4. 图文创意搭配合理——广告素材创意往往由两部分组成，即图片素材加上广告语。广告语一般强调在8～12字的范围内，图文并茂必须强调的是合理得当，色彩搭配鲜明，突出重点。

课后练习

1. 人们常说的“人格”是什么？
2. 人格的特征有哪些？
3. 从设计师的审美心理可以反映出设计的哪些特点？
4. 审美设计的特征有哪些？以生活里的设计举例说明。
5. 人格形成的因素有哪些，你认为形成健全人格最重要的因素是什么？
6. 产品的情感化设计主要体现在哪几个方面？
7. 日常生活中有哪些情感化的设计？请做简单介绍。
8. 从心理学角度，分析“人格”对设计师的重要性。
9. 设计在情感表达上通常以什么方式呈现？
10. 生活中有许多让人眼前一亮的广告设计，请分析其设计的特点。

第六章

设计营销心理学

PPT 课件，请在计算机里阅读

章节导读

艺术来源于生活，又回归到我们的生活中。好的设计只有被人们听过、看过、使用过后才能体现出产品的最大价值，不辜负设计师的良苦用心。设计离不开营销，一个好的营销策略能让更多消费者去了解设计、购买产品，让艺术设计回归我们的生活中（图6-1）。

图6-1　营销会场

第一节　营销学的研究方法

市场营销学与营销心理学的产生是相同市场条件下的企业营销实践的客观需要，它们是为满足同一营销实践需要而提出的不同理论体系，二者的不同之处在于侧重点不一样。市场营销学并不忽视对参与者的行为与心理活动规律的研究，但更侧重于对营销各环节整体的把握；营销心理学则侧重于对参与者的行为与心理规律的深入分析，因而形式上成为一门新的学科。当然，营销心理学每一个时期心理研究的侧重点是不一样的，这种差异是由企业及市场竞争的需要来决定的，是市场营销实践发展的需要与结果（图6-2）。

一、营销心理学的发展

营销心理学形成于20世纪60年代的美国，但其渊源却可以追溯到市场营销学发展的早期，即19世纪末，营销心理学是与市场营销学一同产生和发展，并相互促进的。

1. 广告心理萌芽时期

这一时期，西方企业刚刚经历了一个飞速发展的黄金时期，进入产品相对过剩阶段。此前，由于西方资本主义经济迅速发展，消费需求极度膨胀，形成卖方市场格局，企业奉行生产观念，完全忽视对消费需求的研究和其他营销手段的配合（图6-3）。

1908年，斯科特撰写了《广告心理学》一书，他运用心理学的原理分析了消费者的接受心理，开始了对广告理论较为系统的探索。同一时期，美国哈佛大学的闵斯特伯格对广告的面积、色彩、文字运用和广告编排技巧等因素与广告效果之间的关系进行了系统的实验研究（图6-4、图6-5）。

图6-2 营销

（a）

（b）

图6-3 广告设计

（a）　（b）

图6-4　广告色彩运用

（a）　（b）

图6-5　广告文字编排

2. 销售心理发展时期

第一次世界大战的爆发给美国工商企业带来了空前的发展机遇。1921年，经历了战后的短暂经济萧条，在1923年至1929年秋（危机爆发）的6年间，出现了工商业的极度繁荣，广大消费者中蕴藏着巨大的消费需求。自1929年秋开始的大萧条，使企业面临前所未有的困难，一方面产品过剩，另一方面消费者的潜在需求未得到满足，迫使企业不得不采取各种方式加大产品的推销力度，以使企业尽快摆脱危机和萧条的影响。美国西北大学的贝克伦在其《实用心理学》一书中用两章的篇幅专门论述了销售心理学的问题，提出了解消费者的需要是做好推销工作的核心环节（图6-6）。

3. 消费者心理形成时期

这一时期，世界经济发生了一系列重大变化，市场营销理论也从定型走向成熟。首先，在第二次世界大战以后，以美国为首的资本主义世界市场变得相对狭小，而在战争中急剧膨胀起来的美国大企业集团及其过剩的生产能力却需要寻找新的出路，市场竞争日益激烈。这种情况使市场营销理论得以整合，形成一门科学，市场营销被定义为满足人类需要的一种活动。市场营销研究在企业经营活动中受到广泛重视，市场营销的社会效益也开始受到人们的关注。其次，从20世纪40年代中期开始，美国经历了“第三次科技革命”，使美国企业经历了“20年的繁荣期”，买方市场全面形成，市场营销的发展也开始进入一个新的阶段，即营销管理导向阶段。再次，新技术革命浪潮使传统工业企业相对衰落，新兴工业、高新技术企业崛起（图6-7）。这一时期营销心理学的研究呈现繁荣景象，大量有关营销心理学方面的论文和专著面世。不过，直到20世纪60年代末期，在经济发达的西方国家先后经历了“营销革命”的洗礼之后，营销心理学的研究才逐步摆脱单个领域的束缚，从流通领域进入生产领域，正式以一门完整的学科被提出来，成为参与指导整个市场营销活动的一门学科。

4. 营销心理学完善时期

西方经济在20世纪80年代发展缓慢，90年代进入了一个全新的电子商务（Electronic Commerce, EC）时代，市场营销的发展也进入到了一个伟大且具有划时代意义的时期，营销理念、营销运作策略、营销组织发生了深刻的变化，由此引发了对营销心理

（a）

（b）

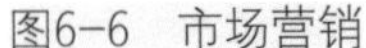
图6-6 市场营销

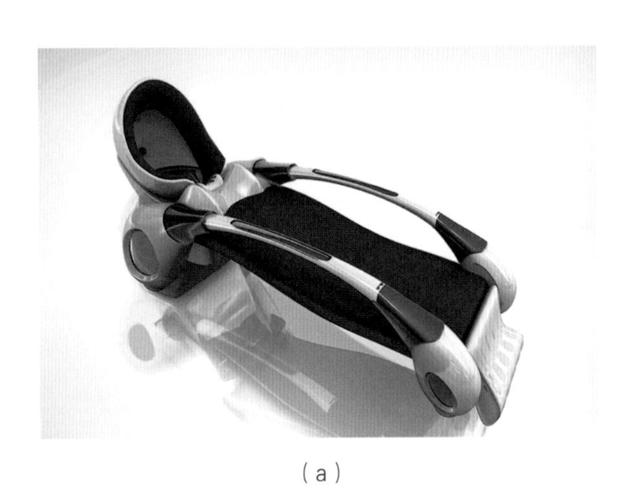

（a）

（b）

图6-7 工业设计

更加深入的研究，研究范围也不断扩大。这些变化主要体现在以下三个方面。

（1）营销理念变迁

首先包括营销基本概念的拓展。营销任务被提升到“需求管理”的层次，营销的核心概念开始增加。其次，顾客导向营销思想的确立。这不仅强调在经营理念中要以顾客满意为目标、以让渡消费者价值为手段来培养消费者的忠诚，更强调在产品开发、定价策略、沟通工具、服务营销、渠道建设等各个环节都自始至终贯穿顾客导向这一理念，即使是在充分关注竞争对手和市场份额时，也不应忽视顾客情感份额，应在二者中找到平衡。

（2）营销运作策略变迁

其中包括全面改造营销功能环节、形成营销主流模式、重视竞争策略等方面。为解决“以消费者为中心”的营销思想带来的负面影响，美国Don•E•Schultz提出了4Rs（关联、反应、关系、回报）营销新理论，即通过在业务、需求等方面与消费者建立关联，形成一种互助、互求、互需的关系；提高市场反应速度，及时满足消费者的需求；通过沟通，与消费者建立长期而稳固的关系；形成短期或长期的获取收入和利润的能力（表6-1）。

表6-1　市场营销运作策略变迁

改变策略	内容
全面改造营销功能环节	改造销售自动化系统（SFA）、售后服务呼叫中心、市场后勤的供应链管理（SCM）
形成营销主流模式	整合营销、直销和在线营销
重视竞争策略	提出了4Rs营销新理论、提高市场反应速度、满足消费者的需求

（3）营销组织的变迁

传统的职能架构关注的是部门本身的绩效，不再适合维持与顾客的长期关系、培养顾客忠诚的新时代的营销使命。20世纪90年代在企业改革领域盛行的组织发展（OD）、流程再造（BPR）等理论对营销部门的变革具有极大的启示意义。

图6-8　天猫Logo

从1998年中国产生第一笔互联网交易以来，中国电商开始了蓬勃的发展。据2017年双十一实时交易数据显示，天猫双11全球狂欢节交易额在3分01秒超100亿元，在6分05秒超200亿元，40分12秒突破500亿元，2小时15分18秒交易额超800亿元（图6-8）。

- 补充要点 -

4Rs营销理论

1. 关联（Relevancy）——即认为企业与顾客是一个命运共同体。建立并发展与顾客之间的长期关系是企业经营的核心理念和最重要的内容。

2. 反应（Reaction）——在相互影响的市场中，对经营者来说最现实的问题不在于如何控制、制定和实施计划，而在于如何站在顾客的角度及时地倾听和从推测性商业模式转移成为高度回应需求的商业模式。

3. 关系（Relation）——在企业与客户的关系发生了本质性变化的市场环境中，抢占市场的关键已转变为与顾客建立长期而稳固的关系。从一次性交易转向强调建立长期友好合作关系；从着眼于短期利益转向重视长期利益；从顾客被动适应企业单一销售转向顾客主动参与到生产过程中来；从相互的利益冲突转向共同的和谐发展；从管理营销组合转向管理企业与顾客的互动关系。

4. 回报（Reward）——任何交易与合作关系的巩固和发展，都是经济利益问题。因此，一定的合理回报既是正确处理营销活动中各种矛盾的出发点，也是营销的落脚点。

二、研究设计营销心理学的方法

图6-9　产品包装

图6-10　特价产品

图6-11　广告设计

图6-12　商标设计

1. 实验法

在控制条件下对某种行为或者心理现象进行观察的方法称为实验法。在实验法中，研究者可以积极地使用仪器设备干预被试验者的心理活动，人为地创设出某些条件，使得被试验者做出某些行为，并且这些行为是可以重复出现的。在实际营销环境中，由实验者创设或改变某些条件，以引起被试验者发生某些心理活动并对之进行研究的方法，如产品的包装、价格等因素（图6-9、图6-10）。在这种实验条件下，由于被试验者处于自然状态中，不会产生很强的紧张心理，因此，得到的资料比较切合实际。实验室实验法主要用于市场营销中的感知觉分析、营销沟通研究和购买决策研究等。

2. 观察法

设计师依靠自己的视听器官，在自然环境中对人的行为进行有目的、有计划、系统的观察并记录，然后对所作记录进行分析，从而发现人的心理活动变化和发展规律的方法。首先，在进行观察时，观察者只能被动地等待所要观察的事件发生。当事件发生时，所能观察到的是，顾客如何从事活动，并不能得到顾客为什么这样活动以及当时其内心活动的资料。其次，观察资料的质量在很大程度上也受到观察者本人的能力水平、心理因素的影响。最后，为了使观察得来的资料全面、真实、可靠，被观察者和事件的数量要多，范围要广，而且为了取得大量的资料，须消耗大量的人力、物力及时间。鉴于观察法有其局限性，只有当研究的问题能够从消费者的外部行动得到说明时，才适宜运用。

观察法一般用于研究消费者的需求与动机、消费行为与态度、购买决策等，用于研究广告、商标、包装、橱窗和柜台设计在营销沟通中的效果，商品价格对购买的影响，商店的营销状况和某种新产品是否受消费者的欢迎等（图6-11～图6-14）。

3. 调查法

调查法是通过晤谈、访问、座谈或问卷等方式获得资料，并加以分析研究的方法。了解消费者心理信息，

图6-13　包装设计

图6-14　橱窗设计

同时观察其在晤谈时的行为反应，以补充和验证所获得的资料，进行描述或者等级记录以供分析研究。晤谈法的效果取决于问题的性质和研究者本身的晤谈技巧。

4. 座谈法

座谈法也是一种调查访问手段。通过座谈可以在较大范围内获取有关资料，以供分析研究。该方法的优点是简单易行，便于迅速获取资料，缺点是具有较大的局限性。要使谈话有效，需要注意三点：一是要目的明确，问题要尽量设计得简单易懂；二是要讲究方式，控制进程；三是要系统、完整、详尽地记录谈话的内容。

5. 问卷法

问卷法（Questionnaire Method）是指运用内容明确的问卷量表，让被调查者根据个人情况自行选择回答，然后通过分析这些回答来研究被调查者心理状态的方法。常用的问卷法有是非法、选择法和等级排列法三种。问卷法的优点是能够在短时间内取得广泛的材料，且能够对结果进行数量处理，缺点是所得材料较难进行质量分析，难以把所得结论与被调查者的实际行为进行比较。

第二节　情感营销

情绪和情感是对客观事物是否符合人的需要而产生的主观体验。当营销手法刺激到消费者的心理情绪后，消费者对待这些营销刺激就会有一定的心理活动，根据是否符合主观的需要，消费者可能采取肯定的态度，也可能采取否定的态度。当消费者采取肯定的态度时，就会产生爱、满意、愉快和尊敬等内心体验；当消费者采取否定的态度时，就会产生厌恶、烦躁、麻木、痛苦、忧愁、愤怒和恐惧等内心体验。这些内心体验就是情绪和情感。

一、把握消费者的需求与购买心理

在进行设计营销之前，我们要知道什么样的营销活动能激起消费者的欲望与需求，促使消费者购买产品。要探讨这个问题，就必须对消费者的心理进行研究。首先我们要考虑人的需要是怎样产生的？消费者有哪些需要心理？消费者对选择商品是怎样进行决策的？哪些因素影响着消费者进行决策？消费者的购买动机是怎样产生的？只有弄清楚这些问题后，才可能使营销决策符合大众消费者心理、打动消费者的心、

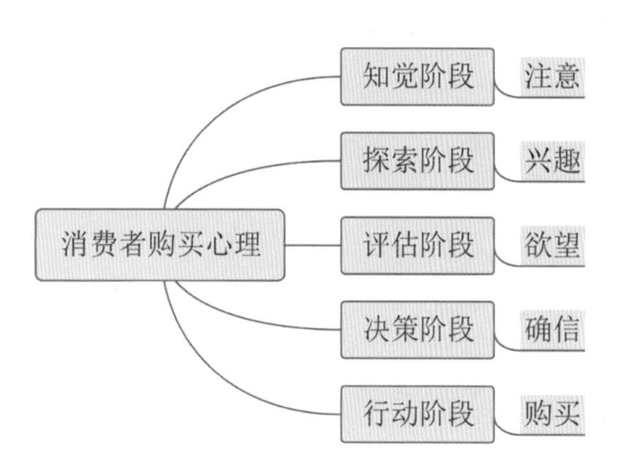

图6-15 消费者购买心理过程

达到预期的营销效果。消费者在决定购买之前还要经历一个心理过程（图6-15）。

只有真正了解消费者的这些心理活动及其变化过程，才能使设计营销的知觉与观念、理智与情感的诉求达到预期的目标。我们通常所说的说服过程，就是让消费者对营销的内容产生兴趣，从而引起消费者的注意及共鸣。让消费者信任并接受营销传播的内容，按照营销者的意图采取购买行动。由此看来，掌握心理学的基本原理并在营销传播活动中加以运用是非常重要的。如果说没有对市场进行调查分析的营销、没有对消费者的购买决策心理进行深入的研究，那么这个营销将是没有根据的，达不到预期的效果。

二、提高服务水平

设计心理学不仅研究产品的设计理念、思维方式以及语言组织，同时也研究营销者、竞争者、利益相关者的行为与心理规律现象，它使企业能够真正做到在各个方面都“知己知彼”，从而提高决策的科学性、营销的针对性、沟通的成功率。研究营销者的心理尤为重要，这可以让营销者针对顾客心理特征来改变自身的行为方式，从而提高服务的质量和水平。例如，要达到与顾客心灵共鸣的效果，营销者就不应当将自己定位为销售员，以免让顾客听到“销售”二字就产生压迫感；营销者应当将自己定位为购买咨询人员，先取得顾客的信任，让顾客自己感觉到需要该产品，使他们在愉快的情绪下，主动咨询产品的详情，进一步决定购买产品，甚至让他们成为企业或品牌的忠实用户（图6-16）。

三、产品自身优势

一种新产品被研制出来，尚不能算是成功的，它还需要经过市场的检验，即由消费者做出评判。凡为广大消费者所接受的新产品，才是成功的新产品；如果不为消费者所接受，则意味着这一新产品是失败的。因此，了解消费者对新产品的心理需求和接受过程，对企业的新产品研究与开发工作是非常重要的。

1. 舒适性

使用舒适的心理需求要求新产品在消费过程中能充分适应人体的生理结构和使用要求，减轻人体的劳动强度，同时增加心理上的快感。例如，对书桌、座椅等家具的设计，要考虑使用者的身高、体型等特

（a）

（b）

图6-16 提升服务

点。对服装的设计，要考虑穿着者的年龄、性别等特点（图6-17～图6-20）。

2. 操作性

操作便利的心理需求要求新产品便于操作、使用、搬运和保养维修。例如，洗衣机从半自动发展为全自动，电视机开关按钮发展为遥控器等（图6-21）。都是在适应消费者操作便利的心理需求。通常，方便省力的产品设计会受到消费者的普遍欢迎。

3. 审美性

符合审美情趣是指符合消费者理解和评价商品的审美特点和能力。爱美之心，人皆有之。随着社会生产力的不断发展，人们的精神生活日益丰富，消费者对商品艺术美的要求越来越高，也越来越多样化。例如，消费者选购商品时讲究款式、花色、造型、色彩，就是为了在使用这些物品时，能同时使自己精神愉悦，获得美感，从而达到心理上的满足（图6-22）。

图6-17 书桌设计

图6-18 座椅设计

图6-19 女士服装设计

图6-20 男士服装设计

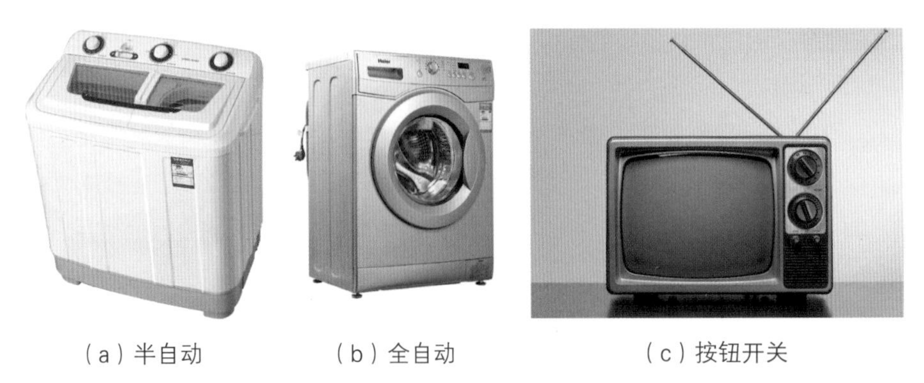

（a）半自动　　（b）全自动　　（c）按钮开关

（d）遥控控制

图6-21　产品设计

（a）

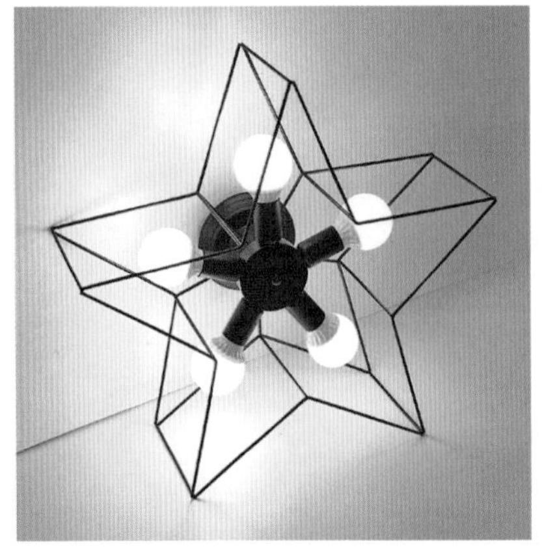

（b）

（c）

图6-22　工业设计

（a）

（b）

图6-23 创造性设计

图6-24 服装设计

图6-25 装饰设计

表现个性的心理需求是现代消费者很强烈的心理欲求，消费者希望通过具有独特个性的新产品来满足自己的个性心理需要。例如，用设计独特、使用巧妙的商品凸显聪明才智和创新精神；用价格昂贵、款式豪华的商品显示身份高贵和地位显赫等。在室内设计中，欧式风格强调以华丽的装饰、浓烈的色彩、精美的造型达到雍容华贵的装饰效果，欧式客厅顶部喜用大型灯池，并用华丽的吊灯营造浪漫气氛。

4. 时尚性

追求时尚的心理需求是指顺应时代的变化、追逐时尚潮流，求变、求异等的心理需求。在实际购买行为上，喜欢购买新颖别致、符合时尚元素的新商品。时尚产品就是在特定时间内率先由特定人群购买、使用，后来为社会大众所崇尚或仿效而争相购买的各种热销产品，是短时间里一些人为满足自我所崇尚使用的各类新兴产品。如衣着服饰、饮食、电器、家居饰品等（图6-24～图6-27）。

一个产品的包装直接影响顾客购买心理，产品的包装是最直接的广告。好的包装设计是企业创造利润的重要手段之一。策略定位准确、符合消费者心理的产品包装设计，能帮助企业在众多竞争品牌中脱颖而出。包装是商品的重要组成部分。在现代市场观念中，包装不仅能防止商品损失、散失和方便商品储存、销售，同时是美化商品、宣传商品、推销商品的

图6-26　工业设计

图6-27　产品设计

重要手段。包装的优劣对消费者的购买行为所产生的影响越来越大，有时甚至能起到决定性的作用（图6-28）。

一般来说，消费者在选购商品时，首先看到的是包装，而不是商品本身。因而，包装对于消费者在购买时的心理活动有很大影响。包装设计涵盖产品容器设计、产品内外包装设计、吊牌、标签设计、运输包装礼品包装设计以及拎袋设计等。包装是产品提升和畅销的重要因素。优秀的包装，不仅在卖场会吸引顾客的注意力，还会将产品进一步提升，是任何知名企业所不敢忽视的市场策略（图6-29）。

商品的包装设计是装饰艺术的成果结晶。包装的造型、图案、色彩以及整体的综合协调性，能给顾客一种美的享受，精美的包装本身就是一件艺术品，甚至能成为顾客的收藏品。包装的设计不仅要美，关键要在营销学的基础上去展现它的美，从产品整体的包装设计中充分表达产品的定位取向，只有这样，才更易被消费者接受，产品才会在市场上脱颖而出。

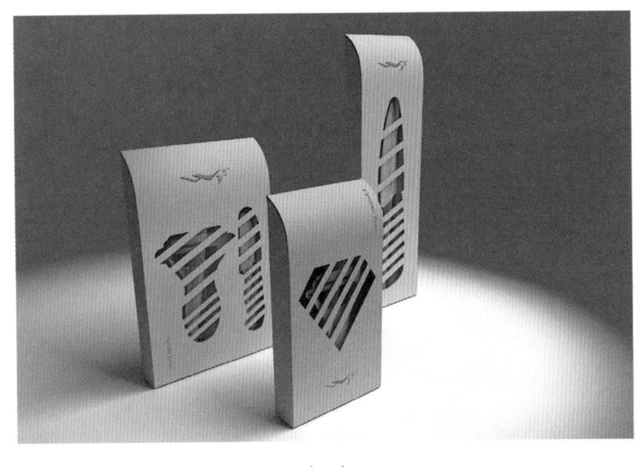

（a）

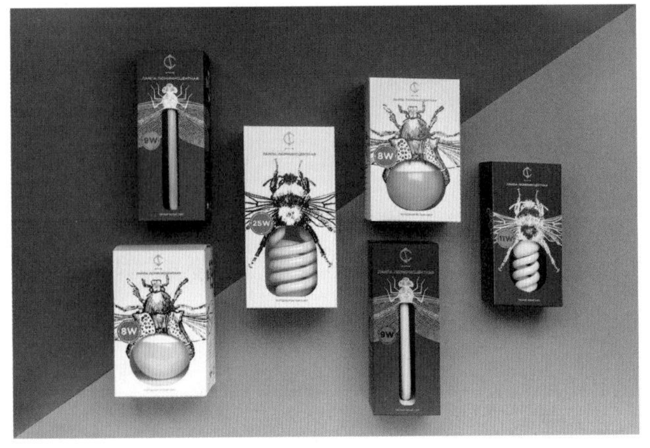

（b）

图6-28　包装设计

- 补充要点 -

杜邦定律

春秋时代，楚国有一个商人，是专门卖珠宝的，有一次他到齐国去兜售珠宝，为了生意好，珠宝畅销起见，特地用名贵的木料，制造许多小盒子，把盒子雕刻装饰得非常精致美观，使盒子发出一种香味，然后把珠宝装在盒子里面。有一个郑国人，看见装宝珠的盒子既精致又美观，问明了价钱后，就买了一个，打开盒子，把里面的宝物拿出来，退还给珠宝商。

企业除了靠产品创新和优质、快速的服务取胜外，包装显得越来越重要。从市场观点看，包装是商品整体中的形式产品，是很重要的一部分内容，通过它可以使消费者产生购买欲望，从而刺激消费。美国最大的化学工业公司杜邦公司的一项调查表明：63%的消费者是根据商品的包装来选购商品的。这一发现就是著名的“杜邦定律”。

（a）

（b）

（c）

（d）

图6-29 包装造型设计

图6-30　促销

图6-31　广告创意

四、价格心理

消费者心目中的参考价格主要受两个因素影响，首先是消费者以往的经验；其次是企业提供的信息，如广告、促销等（图6-30、图6-31）。商品价格和需求之间有着密切的关系。在其他条件不变的情况下，由于供求规律的作用，消费需求量的变化与价格的变动呈负相关关系，价格上涨时，消费需求量减少；价格下降时，消费需求量增加。从这个角度上讲，商品价格具有调节商品需求的功能，价格调节需求的功能要受到商品需求的价格弹性的制约。

第三节　消费者与消费心理

消费心理是消费者在进行消费活动时产生的一系列心理活动。消费心理学是研究消费者购买行为、使用行为与服务规律的商业心理学分支，它涉及商品和消费者两个方面。20世纪50年代后期，由于当时科学技术和生产力水平的迅速提高，设计营销者们意识到，与其去游说消费者购买产品，不如去生产消费者需要的产品，而消费者需要什么样的产品，就是消费心理学研究的主要内容。

一、唤醒消费者

1. 唤起消费者潜在购买需要

过去的货郎喜欢叫卖商品，听到叫卖声的路人虽然没有明确的购买计划，但是叫卖声可能提醒他们的某种购买需要，从而产生购买行为（图6-32）。现代营销一般通过场景设计来达到类似的目的。例如，在某店里举行的免费试吃新品的活动，一定程度上会刺激消费者的购买行为（图6-33）。

2. 暗示消费者购买

不同文化背景下的消费者都将品牌、价格、产品外观等作为产品质量的标志，他们对产品整体风格、视觉及其他信息的反应，都会影响他们对产品的理解。例如，苹果公司于北京时间2017年9月13日凌晨发布的iPhone X（图6-34）。

3. 广告的暗示方式

广告具有吸引注意和传达产品信息的功能。每当重要节日前后，商家都会投入大量广告。例如，中秋节前后大量播放的月饼广告，春节前播放的礼品广告，在婚礼季前后播放珠宝首饰广告等，都通过不断地重复和强化，说服消费者进行购买决策（图6-35）。

图6-32　传统营销手法

图6-33　刺激购买

iPhone X

hello，未来。

图6-34　iPhone X

搭载色彩锐利的OLED屏幕，使用3D面部识别传感器解锁手机，再次创新了手机解锁方式，几乎全面屏的设计使人眼前一亮。简洁的外盒包装，既环保又大方。

而在世界杯足球赛前后的啤酒广告则通过巧妙的情景设计激发球迷边看球赛边喝啤酒的潜在需要。当广告提供的暗示与消费者的动机一致时，它就成为购买行为的外在动力。设计师应该了解消费者的潜在需要，对于那些尚未使用产品或者没有意识到自己需求的消费者而言，可以利用广告进行针对性的说服和暗示（图6-36）。

二、消费情绪

消费者的情绪大多数是通过其神态、表情、语气和行为等来表达的，各种情绪的表达程度也有明显的差异。消费者在购买活动中的情绪表现大致可以分为三大类（表6-2）。

表6-2　消费者的心理情绪

分类	心理活动分析
积极情绪	如好感、依恋感、热忱、喜爱、满意和愉快等
消极情绪	如消沉、厌烦、恶感、排斥感和悲哀等
中性或双重情绪	对事物的认识是完全理智的，或完全无所谓的

1. 影响消费者情绪的因素

消费者在购买活动中的情绪主要受现场购买环境、商品本身和消费者自身所带有的情绪影响。购买现场环境是影响消费者情绪的重要因素。宽敞明亮、色彩柔和、美观典雅、气氛祥和的购物环境，会引起消费者愉快、舒畅的情绪反应，使消费者处于喜悦、欢快的情绪之中，从而刺激消费者的购买欲望；反之，条件差的环境，则会使消费者产生厌恶、烦躁的情绪（图6-37）。

（a）

（b）

图6-35　节日广告

（a）

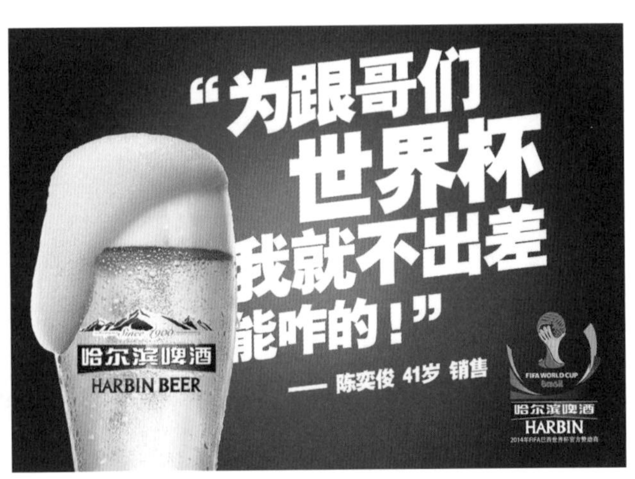

（b）

图6-36　广告暗示

（a）

（b）

图6-37　购物环境

2. 商品自身优势

当商品符合消费者的心理需求时，消费者就会形成积极的情绪，从而产生购买行为；反之，消费者就会形成消极情绪，打消购买念头。在现实购买活动中，消费者的情绪演化，是随着对商品的认识过程而发生变化的。随着对商品的深入了解，对商品会产生“满意——不满意”“愉快——失望”这样具有对立性质的情绪变化。例如，消费者可能因满意某种商品的外观而产生愉快情绪，但在深入认识商品后发现该商品的品质较差，就会对该商品不满意从而转变情绪。

3. 消费者的情绪

消费者在购买时会带有不同的情绪，如欢愉、开朗、振奋，或者忧愁、悲观等。消费者的这种持久情绪的形成，是有其心理背景的。这种心理背景包含多项内容，如消费者的生理特点、性格倾向、生活经历、工作状况、道德观念、社会地位、理想信念，乃至生活环境、身体状况和社会关系等。这些心理背景的差异致使消费者的情绪状态也各不相同。

三、应用情感开展市场营销

1. 设计情感产品和包装

情感产品和包装是指通过感性设计赋予产品及其包装一定的情感，使顾客觉得买回来的商品是有情感、有思想的。情感产品和包装的设计工作主要围绕消费者的消费心态和产品及其包装本身的独特功效或其他特点开展，试图找出二者的最佳结合点，将人性化的思维和理念以创意的方式传递给消费者。例如，现代食品的创新很难有所突破，于是在产品包装上采用单色食品图案，表现出消费者追溯历史的情感需求，产生良好的心理暗示，表现出产品历史悠久，质量过硬（图6-38）。

2. 制定情感价格

情感价格是指满足消费者情感需要的价格。如“会员卡”“贵宾卡”制度就是对多次购买本企业产品的回头客给予价格折扣优惠，使消费者体会到企业对他们的感激之情，从而强化消费者的惠顾心理，增强他们对企业的依赖感和信任感。产品价格的制定，同样需要与消费者进行情感沟通，需要得到消费者的理解和认同。情感价格的形式很多，主要有预期价格（即按照大多数消费者对商品的心理估价制定价格）、让利价格、折扣价格等。情感价格对于巩固与重点顾客的关系、培养忠诚的顾客队伍有着特殊的作用（图6-39）。

3. 走情感化路线

一般情况下，情感是在消费者了解产品的具体属性后产生的，但也存在消费者在认知产品具体属性之前就对品牌产生了情感，这种情感会影响消费者随后对产品具体属性的认知。除此之外，部分人群可能在没有获得任何有关产品认知的情况下便喜欢上了该产品。事实上，消费者对于某产品的最初反应（喜欢或不喜欢的感觉）可能不是建立在认知基础上的，但这

图6-38 食品系列包装设计

种最初的情感将会影响消费者对该产品的最终评价。正因为如此，营销界越来越试图在不直接影响消费者信念或行为的条件下使他们对产品或品牌产生好感，这种好感会增加消费者对产品或品牌的正面信念。消费者一旦对某产品产生需要，这些正面信念会促成他们的购买行为。或者，消费者会因喜爱而直接购买，再在使用中增加关于该产品或品牌的正面信念。

广告中的情感性内容增强了广告的吸引力和持续力。人们可能会花更多的精力进行情感性信息处理并注意到情感性信息的各个细节。同时，情感性广告可能比一般中性广告更容易被人记住。一旦品牌名称被提起，消费者的积极情绪就会产生。例如，脑白金广告在开播的时候定位就是中老年人的健康之选，广告的形象一开始只有一部分人接受，通过在黄金档的循环播放、产品形象的不断出新，在销量上得到了很大的提升（图6-40）。

消费者对于广告本身的态度，即喜欢或不喜欢，是这类营销活动成败的关键。例如，明星做代言人能否取得应有的广告效应，关键就在于目标顾客是否喜欢他，重复是以情感为基础的营销活动的关键所在。如果能让消费者更多地接触广告，即使消费者不喜欢某类广告也能取得一定效果（图6-41）。

四、消费群体与心理行为

1. 少年儿童群体

少年儿童群体的成员年龄为1～15岁。儿童在婴幼儿时期的需要主要是生理性需要。随着年龄的增长，外界环境对他们不断刺激，使其对环境作用的反应日益加深，需要从本能发展为有自我意识加入的社会性需要。例如，襁褓中的孩子只知道喝妈妈的乳汁；会看广告的孩子可能要喝“娃哈哈”“QQ星”；年纪再大点的孩子则认为“娃哈哈”是小孩子的东西（图6-42）。

在营销策略上，根据少年儿童群体的心理进行营销策略，首先区分不同年龄段的少年儿童对象的心理

图6-39 折扣优惠

图6-40　电台音乐广告

（a）

（b）

图6-41　设计营销方式

特征，采用不同的营销策略；其次是发挥商品直观、形象的作用，增强商品的吸引力；然后对儿童自购自用商品、家长购买儿童使用的商品采用不同的促销方式。

2. 青年群体的消费心理特征

青年群体的成员年龄为16～40岁。我国青年人口占全国人口的1/4，因此，研究青年群体的消费行为具有极其重要的现实意义。青年群体内心丰富、热情奔放、思想活跃，他们对新事物、新知识充满好奇，敢于冒险，富于幻想和探索精神。所以，在消费心理和行为方面，青年群体表现出强烈的追求

（a）

（b）

图6-42　儿童饮品

新颖、时尚、美的享受的倾向，能够成为消费趋势和潮流的领导者（图6-43、图6-44）。

在营销策略上，及时推出技术先进、具有时代特色的产品，同时开发新产品；注重包装、商标设计，使之有感染力；注意青年消费者的心理变化，强化促销，促进冲动性购买动机的形成。

3. 中老年群体

中老年群体的成员年龄在41岁以上，其消费心理表现为理性购买、经济实惠。中老年消费者具有丰富的人生阅历和知识经验，考虑问题周到，不会太多地追求时尚，更讲求实效。由于工作、生活的负担较重，中老年群体对过于花哨的产品包装和繁复的功能不感兴趣，他们关注的是产品的便利性，对半成品、方便食品和耐用消费品有强烈的消费兴趣。随着消费者年龄的增长，需求日趋简单，很少会进行冲动性购买。同时，他们一般不会轻易转换习惯了的品牌，尤其偏爱老字号以及处于青少年时代就很熟悉的品牌和商标（图6-45）。

营销策略如下：

（1）强调商品的内在价值，以质取胜。

（2）慎重制定价格策略，使之具有合理性。

（3）制定稳定、有实效的推销策略。

（4）努力提高服务水平，不断推出新的服务项目。

4. 女性群体

由于女性消费者在家庭中所扮演的特殊角色，以及她们处理日常家务劳动的实际经验，使她们对商品关注的角度与男性消费者大不一样。在涉及家庭用品的购买行为时，她们会不厌其烦地反复询问，对商品在生活中的实际效用和具体利益表现出更强烈的要求。因此，大部分的促销活动是针对女性消费者进行的。女性消费者对外界事物反应敏感，有较强的自我意识和自尊心。她们往往以挑剔的眼光来对待产品和商家，

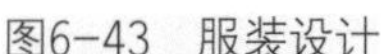
图6-43　服装设计

图6-44　展示设计

（a）

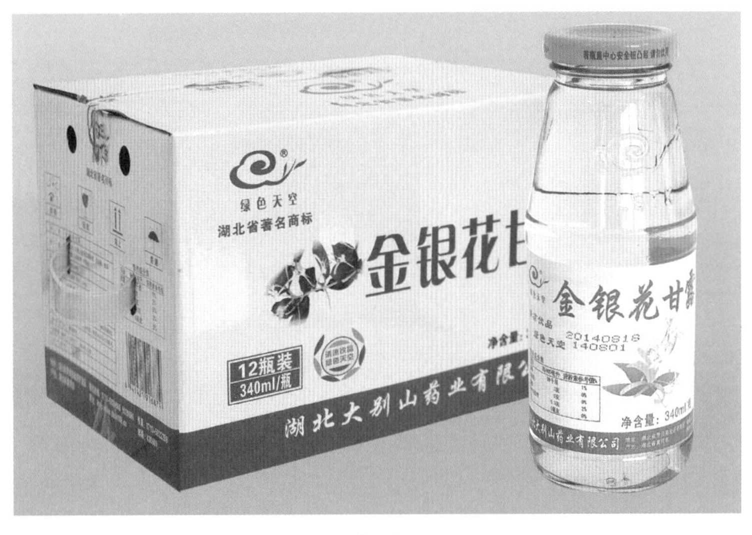

（b）

图6-45　品牌设计

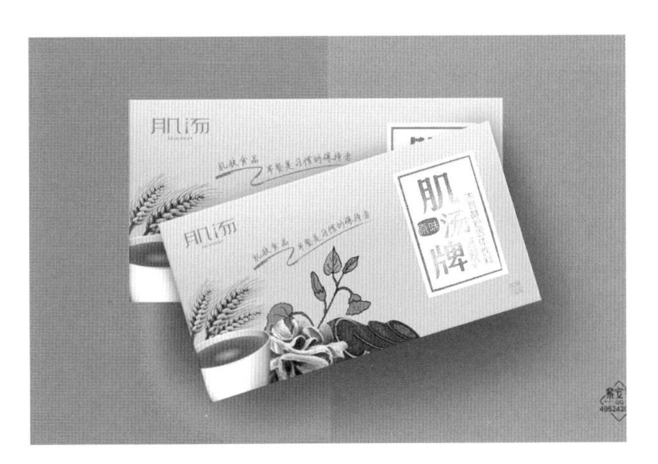

图6-46　女性化包装设计

图6-47　艺术设计

希望自己购买的是最有价值的产品，自己的选择是最明智的，即使作为旁观者也愿意发表意见，并希望意见被别人采纳。在购买活动中，营业员的表情、言语，广告宣传及评论，都会对女性消费者的自我意识和自尊心产生影响，进而影响其消费行为（图6-46、图6-47）。

在营销策略上，注重商品的包装设计和创新；通过口头传播信息，以多种形式的促销活动激发其购买欲望；强化销售服务，提高服务水平，讲求服务艺术，以满意的服务促销。

五、购物环境心理

我们经常有这样的困惑，几个商店的规模差不多大，卖的东西也相差无几，为什么有的商店人来人往，而有的商店却门可罗雀？什么样的商店能让顾客更满意？如何实施相应的策略来提高顾客满意度呢？

一般认为，消费者在商店购买商品的时候会考虑到两个方面的因素：一是选择商店；二是选择所需商品的品牌。这时，消费者可能面临三种选择：先商店后品牌；先品牌后商店；同时选择品牌和商店。以购买计算机为例，首先，消费者通过获得相关知识后做出品牌选择，然后以最低的价格（或最佳的地点、形象、服务或商店的其他特点）作为标准，选择一家商店进行购买。设计师可以进行品牌合作广告宣传、推出特价产品、制作品牌海报展示等（图6-48、图6-49）。

图6-48　店面设计

图6-49　海报设计

六、购物环境设计心理

1. 建筑结构

独特的商店建筑就像一个巨大的广告牌，能从较远的距离吸引顾客目光。商店建筑结构不同于一般建筑物的结构，它有自己的特点。商店建筑的结构设计既要体现民族风格，又要显出现代气息，或者将二者有机结合。有些专营店的建筑设计能够很巧妙地将其经营产品的特征融入其中，给顾客一种独特的感受（图6-50）。

2. 商店招牌

招牌，即商店的名字，是用于识别商店、招揽生意的牌号。招牌是重要的广告形式，是用文字描绘的商业广告。因此，设计具有高度概括力和吸引力的商店招牌，不仅是为了便于消费者识别，而且可以形成鲜明的视觉刺激，对消费者的购买心理产生重要影响（图6-51）。

3. 商店标志

商店标志是指以独特造型的物体或特殊设计的色彩附设于商店的建筑物上而形成的一种识别载体。例如，麦当劳快餐店上方的金色拱形“M”是其商店标志。在现代商店外观设计中，标志具有多方面的心理功能（图6-52）。

4. 店面展示

多数消费者观赏商店橱窗的主要目的，是为了更多地了解商店信息，这也是他们获得有关商品资料最

图6-50　建筑特色

直接、最可靠的方式之一。但商店经营的商品种类繁多，不可能将所有的商品都陈列出来，因此，橱窗陈列的要点就是选择有代表性的、最能吸引顾客购买的商品进行陈列。一般可根据具体情况选择反映商店经营特色的商品、流行性的商品、新产品、应节或应季商品以及试销商品等。要注意避免陈列一些商店不经营或没有条件经营的商品，以及商店经常无货或脱销的商品，否则，会影响商店信誉（图6-53）。

图6-51 招牌设计

图6-52 标志设计

图6-53 展示设计

- 补充要点 -

营销心理学的基本原则

1. 客观性原则——按照事物的本来面目反映事物，不作丝毫的主观臆断。要求如实反映营销心理发生、发展、变化的规律。这就要求尊重客观实际开展营销。

2. 发展性原则——任何事物都是不断变化发展的，要求设计师遵循发展性原则，运用发展、变化的眼光去看待营销参与者的心理，善于根据事物演变的可能性预测营销心理变化的趋势，或者运用已经被证明了的营销心理规律去推断新的营销心理变化的可能性。

3. 联系性原则——在研究营销参与者的心理现象的原因时，不仅要考虑与之相联系的多方面因素，还要分析引起营销心理现象的原因、条件等。总之，要注意研究社会环境诸因素对营销参与者心理的影响，不能孤立、片面地看问题。

课后练习

1. 学习设计营销学的主要目的是什么?
2. 研究营销学的方法有哪些?
3. 如何对消费者进行情感营销?
4. 产品包装对消费者的购买心理有什么作用?
5. 影响消费者购买行为的因素有哪几个方面原因?
6. 消费者在购买商品时会经历什么样的心理过程?
7. 消费者在选择购物场所时会有怎样的心理活动，产生这种心理现象的原因是什么?
8. 影响消费者购买的因素很多，你觉得最主要的因素是什么，请举例说明。
9. 请根据消费者的购买心理行为，设计一幅宣传海报，内容不限。
10. 通过对消费者的观察，设计出具有特色的店面陈列。

参考文献 REFERENCES

[1] 左佐. 设计师的自我修养[M]. 北京：电子工业出版社，2014.

[2] 原研哉. 设计中的设计[M]. 济南：山东人民出版社，2010.

[3]（美）唐纳德A诺曼. 设计心理学[M]. 北京：中信出版社，2015.

[4]（美）戴维·迈尔斯. 社会心理学[M]. 北京：人民邮电出版社，2016.

[5] 刘国防. 营销心理学[M]. 北京：首都经济贸易大学出版社，2011.

[6]（美）华生. 行为心理学[M]. 北京：现代出版社，2016.

[7] 张易轩. 消费者行为心理学[M]. 北京：中国商业出版社，2014.

[8] 罗子明. 消费者心理学[M]. 北京：清华大学出版社，2017.

[9]（美）威廉·阿伦斯，（美）迈克尔·维戈尔德，（美）克里斯蒂安·阿伦斯著. 丁俊杰，程坪，陈志娟译. 当代广告学[M]. 北京：人民邮电出版社，2013.

[10] 李东进，秦勇. 现代广告学[M]. 北京：中国发展出版社，2015.

[11]（美）格里芬著，张加楠译. 设计准则：成为自己的室内设计师[M]. 济南：山东画报出版社，2011.

[12] 张凌燕. 设计思维——右脑时代必备创新思考力[M]. 北京：人民邮电出版社，2015.

[13] 张志云. 专业色彩搭配设计师必备宝典[M]. 北京：清华大学出版社，2013.

[14] 谌凤莲. 环境设计心理学[M]. 成都：西南交通大学出版社，2016.

[15] 赵伟军. 设计心理学[M]. 北京：机械工业出版社，2012.